高分辨率遥感影像道路提取技术

李润生 曹 斌 曹帆之 著

科学出版社

北京

内 容 简 介

本书紧紧围绕高分辨率遥感影像道路提取理论和方法进行阐述，涵盖作者近年来在高分辨率遥感影像道路提取理论方面的研究成果。内容主要包括近年来国内外研究现状及进展、高分辨率影像道路段提取方法、高分辨率影像道路网提取方法、高分辨率遥感影像道路智能化提取软件系统开发设计等。

本书从理论与应用的角度详细介绍高分辨率遥感影像道路提取的基本原理与方法，力争做到体系完整、结构合理、概念清晰、文字严谨。

本书可供从事摄影测量与遥感、遥感信息提取、基础地理信息更新等研究工作的科技人员阅读，也可供高等院校相关专业的师生参考。

图书在版编目(CIP)数据

高分辨率遥感影像道路提取技术 / 李润生，曹斌，曹帆之著. —北京：科学出版社，2020.6

ISBN 978-7-03-063794-9

Ⅰ. ①高… Ⅱ. ①李… ②曹… ③曹… Ⅲ. ①高分辨率-遥感图像-图像处理-研究 Ⅳ. ①TP751

中国版本图书馆CIP数据核字(2019)第280630号

责任编辑：张艳芬 李 娜 / 责任校对：王 瑞
责任印制：师艳茹 / 封面设计：蓝 正

科 学 出 版 社 出版
北京东黄城根北街16号
邮政编码：100717
http://www.sciencep.com

天津市新科印刷有限公司 印刷
科学出版社发行 各地新华书店经销
*
2020年6月第 一 版 开本：720×1000 1/16
2020年6月第一次印刷 印张：11 3/4 插页：11
字数：227 000
定价：149.00元
(如有印装质量问题，我社负责调换)

前　言

随着对地观测技术的快速发展，遥感影像的分辨率不断提高，针对高分辨率影像的道路提取方法是目前国内外学者关注的重点。利用计算机从高分辨率影像中智能化采集道路要素不仅是现代地图生产更新的需要，也是计算机领域、人工智能领域、计算机视觉领域向前发展的需要。

对卫星影像或航空影像提取道路的研究最早可追溯到 1976 年，国内对道路提取的研究起步于 20 世纪 90 年代。在国内外近几十年的研究中，很多学者和研究机构针对不同类型传感器影像提出了许多相应的道路提取算法。但是，关于高分辨率影像道路提取方面的专著相对较少。随着对地观测技术的快速发展，遥感影像的分辨率不断提高，针对高分辨率影像的道路提取是目前国内外学者关注的重点。

由于高分辨率影像道路呈现的特征异常复杂，在中低分辨率影像道路提取中使用的线特征检测方法不适合在高分辨率影像道路提取中使用。本书重点对高分辨率遥感影像道路提取的理论及方法进行阐述：第 1 章是绪论，介绍目前国内外研究现状及进展，以及存在的问题、本书的章节安排等内容；第 2，3 章是高分辨率影像道路段提取方法，介绍基于动态规划和模板匹配的高分辨率影像道路段提取方法；第 4~9 章是高分辨率影像道路网提取方法，介绍道路网提取的基本方法与技术框架、基于可变形部件模型的道路交叉口概略位置获取、基于语义规则的道路交叉口准确位置获取、道路交叉口间的路径搜索、道路网构建及道路网提取系统设计等。

本书第 1、4、6~8 章由李润生负责撰写，第 2 章和第 3 章由曹帆之负责撰写，第 5、9 章由曹斌负责撰写，李润生负责对全书进行统稿。

在撰写本书过程中，我们得到了中国人民解放军战略支援部队信息工程大学朱述龙教授、曹闻讲师的悉心指导和帮助，得到了学院教科处的支持和资助，在此一并感谢。

本书内容是在整理作者前期研究成果基础上形成的，参考并借鉴了很多国内外相关文献，在此向文献的作者一并表示感谢。

　　限于作者学术水平，书中难免存在不足之处，恳请专业前辈和广大读者予以指正，以便在今后的教学与实践中改进和完善。

作　者

2020 年 3 月于郑州

目　　录

第1章 绪 论

"遥感"一词早在 20 世纪中叶首次被提出,经过 50 多年的发展,已经成为一门非常先进的信息探测技术,被广泛应用于国家经济建设和国防军事领域(李德仁等,2001;朱述龙等,2006)。近些年随着装载各种传感器的遥感卫星相继发射,海量、多源的遥感数据出现在人们面前,为人们提供了全面、丰富、动态的地球表面信息。同时,这些遥感数据的空间、时间、光谱和辐射分辨率也得到显著提高,大量细节信息在遥感影像上得以展现,成为人们获取地理空间信息最主要的方式。随着大量高分辨率遥感卫星影像的涌现,如何从海量数据中自动提取有效信息已成为当前测绘遥感领域亟待解决的问题(李德仁,2000;李德仁,2008)。国内著名遥感专家李德仁院士在"2016 中国智慧城市与测绘地理信息发展高层论坛"上指出,在大数据时代,遥感目前正处于数据海量、信息缺失、知识难觅的局面。因此,实现遥感数据的自动化处理、分析和理解是当前一个十分重要的研究命题。

1.1 研 究 背 景

从遥感影像中提取道路信息是摄影测量与遥感中的重要内容,一直吸引着国内外研究者的关注。道路要素是地图中最主要的地物要素,常用的地图按照数据类型可分为矢量地图、影像地图、矢量影像混合地图。这三种地图类型已被应用于 Google Earth、Google 地图、百度地图等商业软件中。其中,矢量地图是最常用且被用户广泛认可的地图类型,具有形象直观、地图要素全面、信息丰富、操作便捷等优点。矢量地图数据来源主要有三部分:国家专业测绘部门提供的地图数据、测绘人员实地采集的地图数据,以及通过对卫星影像、航空影像进行地形要素提取、采集、矢量化等过程获取的地图数据。这三种来源中,利用遥感影像采集制作地图是地图获取的主要手段,政府部门提供的地图数据也是通过实地采集或遥感影像采集完成的。实地采集获取地图数据的优点是精度高、准确度高、置信度高,缺点是成本高、制作周期长、对采集环境及作业人员要求高,而且实地采集处理速度无法满足现代城市发展变化的要求。利用卫星相片(简称"卫片")、航空相片(简称"航片")制作生产地图是目前很多测绘部门、商业地图软件公司使用的方法。这种方法以遥感影像为底片对地理信息进行人工标注或勾勒，形成满足特定需求的矢量地图数据。地图数据的精度与使用的源遥感影像精度相关，目前高分辨率遥感影像、超分辨率遥感影像发展迅速，能够为用户提供更精确、更细致的地理空间信息，越来越受到测绘学者的关注。表 1.1 显示了目前全球主要高分辨率遥感卫星的基本参数。

表 1.1　全球主要高分辨率遥感卫星参数统计

| 卫星名称 | 所属国家 | 发射时间 | 发射地点 | 空间分辨率/m | | 轨道高度/km |
				全色	多光谱	
IKONOS	美国	1999 年	范登堡空军基地	1	4	681
QuickBird	美国	2001 年	范登堡空军基地	0.61	2.44	450
SPOT-5	法国	2002 年	法属圭亚那库鲁(南美)航天发射中心	2.5	10	832
Orb View-3	美国	2003 年	范登堡空军基地	1	4	470
Kompsat-2	韩国	2006 年	俄罗斯联邦普列谢茨克	1	4	685
Resurs-DK1	俄罗斯	2006 年	拜科努尔发射场	1	2	483
WorldView-1	美国	2007 年	范登堡空军基地	0.45	—	450
GeoEye-1	美国	2008 年	范登堡空军基地	0.42	1.65	684
WorldView-2	美国	2009 年	范登堡空军基地	0.5	1.8	770
Ofeq-9	以色列	2010 年	帕勒马希姆空军基地	0.7	—	500
天绘一号	中国	2010 年	酒泉卫星发射中心	2	10	500
Pleiades-1	法国	2011 年	法属圭亚那航天发射中心	0.5	2	695
Kompsat-3	韩国	2012 年	日本种子岛宇宙中心	0.7	2	685
资源三号	中国	2012 年	太原卫星发射中心	2.1	5.8	505.98
SPOT-6/7	法国	2012 年/2014 年	印度萨蒂什·达万航天中心	1.5	6	695
高分一号	中国	2013 年	酒泉卫星发射中心	2	8	645
Kompsat-5	韩国	2013 年	杜巴罗夫斯基发射基地	1	—	550
Ofeq-10	以色列	2014 年	帕勒马希姆空军基地	0.5	—	600
WorldView-3	美国	2014 年	范登堡空军基地	0.31	1.24	617
高分二号	中国	2014 年	酒泉卫星发射中心	0.8	3.2	645
WorldView-4	美国	2016 年	范登堡空军基地	0.31	1.24	617

由表 1.1 统计数据可知，国内外对高分辨率遥感卫星的研发工作从未间断，遥感影像空间分辨率逐年提高，某些卫星影像的分辨率已达到亚米级，这种数据精度已接近航空影像。这些高分辨率影像是目前测绘制图、遥感技术应用领域重要的数据源，可为地理信息系统数据更新、感兴趣目标跟踪、地形要素智能化采集、数字地图生产等提供数据保障(周林保，1993)。高分辨率影像上信息量丰富，地物细节特征明显，能够为使用者提供详细的地物要素信息或感兴趣目标信息，利用高分辨率遥感影像进行地图数据采集与制作是目前地图生产的主要途径，也是很多商业地图公司、测绘生产单位采用的方法。

我国对高分辨率遥感卫星的研究进展较快。2006 年，我国将高分辨率对地观测系统重大专项(简称"高分专项")列入《国家中长期科学和技术发展规划纲要(2006—2020 年)》，目的是服务于我国国民经济与社会发展，满足我国现代农业、资源环境、灾害预防等战略需求。2013 年 4 月成功发射的高分专项第一颗对地观测卫星"高分一号"，其全色影像分辨率为 2m。"高分一号"卫星数据已在诸多遥感技术应用领域(农业监测、土地调查、雾霾观测等)发挥了重要作用。2014 年发射的"高分二号"卫星可获取 1m 分辨率全色影像和 4m 分辨率多光谱影像数据，这些高分辨率影像已广泛服务于经济建设、社会发展及国防安全。

目前遥感影像空间分辨率不断提高，如何准确、高效地识别和提取遥感影像中感兴趣目标，获取感兴趣地物要素信息是遥感影像处理与应用中的研究热点和难点。目前的地物要素采集过程主要依靠目视判断进行，通过人工实地作业或计算机手工采集完成地图制作，这种方法虽然采集精度高，但是作业效率低。随着高分辨率影像数据量的日益增长，传统作业方式难以满足海量地图生产数据制作对时效性的要求。研究利用计算机从高分辨率影像智能化采集地形要素不仅是现代地图生产的需要，也是人工智能领域、计算机视觉领域向前发展的需要。

本书立足于现代地图生产作业需求，针对高分辨率光学遥感影像地物要素采集理论与方法进行探索研究，主要研究对象为高分辨率影像上的道路段及具有一定连通性的道路网(道路在影像上宽度大于 5 个像素)。本书目的是探索适用于高分辨率遥感影像道路地物要素提取的新方法、新理论，解决从高分辨率影像上智能化提取道路的关键技术，为利用现代手段进行遥感信息提取、数字化地图更新生产提供辅助决策依据与服务保障。

1.2 国内外研究现状和进展

对卫星影像或航空影像提取道路的研究最早可追溯到 1976 年(Bajcsy et

al.,1976)，国内对道路提取的研究起步于 20 世纪 90 年代(周林保，1993；刘少创等，1996；唐国维等，1999)。在国内外近几十年的研究中，很多学者和研究机构针对不同类型传感器影像提出了许多相应的道路提取算法。在遥感影像信息提取领域影响较大的国外机构如美国南加利福尼亚大学、McKeown 实验室、法国国家地理院、德国波恩大学等，国内有影响力的研究机构有中国人民解放军战略支援部队信息工程大学、武汉大学、国防科技大学、中国科学院等。

1.2.1 道路提取方法研究现状

根据道路提取过程中是否存在人工干预引导，可将道路提取方法分为两类：半自动道路提取方法和自动道路提取方法(Yao, 2009)。半自动道路提取方法是目前最常用的方法，其通过引入适当人机交互(道路初始种子点或道路初始方向)辅助计算机完成道路特征的识别(da Silva et al., 2012)。半自动道路提取方法步骤包括道路初始信息获取、道路识别、道路连接。道路初始信息获取是通过人机交互方式输入道路初始种子点或道路初始方向。自动道路提取方法不包含道路初始信息获取过程，算法计算时无需人工干预(Niu, 2006)，通过对原始影像预处理、道路自动提取、后处理输出提取结果。

道路在中低分辨率影像(10～30m)上表现为有一定曲率的线状特征地物,高分辨率影像中地物几何、纹理特征信息丰富，细节特征更加明显。道路在高分辨率影像上表现为具有一定形状或大小约束的同质区域(Baumgartner et al., 2002)，无法用线状地物对道路特征进行表达。由于高分辨率影像道路呈现的特征与中低分辨率影像不同，因此在中低分辨率影像道路提取中使用的线特征检测方法(如形态学操作、边界增强、边界检测、Hough 变换等)不适合在高分辨率影像道路提取中使用(Hu et al., 2007)。

近些年来，国内外相关学者对半自动、自动影像道路提取方法进行了大量研究，许多道路提取策略(算法)取得了令人满意的结果(Mena et al., 2007；曹帆之等，2016a)。这些提取算法综合利用遥感影像上道路所呈现的特征信息制定满足特定任务需求的提取规则或策略，构建符合道路特征的道路模型，一般而言，使用的道路特征越丰富，提取结果越好。

根据提取道路形状及空间特征的不同，可将影像道路提取方法分为道路段提取与道路网提取两类。道路段提取往往是针对固定区域范围内的道路特征进行识别、提取，如提取两个种子点之间的道路段及提取矩形、圆形区域内的道路段等。由于本书重点研究对象为高分辨率影像上的道路网目标，因此对道路段的提取方法研究不进行详细介绍，仅对几种典型的提取方法做简要分析。

传统的基于 Snakes 模型及其改进算法(Kass et al., 1988；李培华等，2000)、动态规划算法(Dalpoz et al., 2003)、基于概率论的算法(Shukla et al., 2002)都属于道路段提取方法。近年来，一些新的道路段提取算法相继涌现。例如，张益搏提出了基于相似度匹配及多尺度小波边缘检测与脊线追踪结合的道路中心线提取算法，并采用非局部均值方法修复道路遮挡区域(张益搏，2011)；靳彩娇提出了利用纹理特征及剖面匹配方法提取半自动道路中心线的方法(靳彩娇，2013)；王双采用路径形态学方法从高分辨率影像上提取道路中心线(王双等，2014)，分别利用 Path Opening 算法及改进的 Path Opening 算法对一般道路及有损道路中心线进行提取，实验表明，该算法提取效果优于 Ribbon Snake 算法；Miao 等提出了一种半自动道路中心线搜索算法(Miao et al., 2013)，其计算流程如图 1.1 表示。

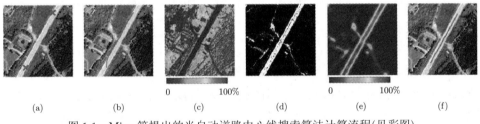

图 1.1　Miao 等提出的半自动道路中心线搜索算法计算流程(见彩图)

图 1.1(a)为用户在原始影像上输入种子点初始化道路特征，图 1.1(b)为采用地学测量中最短路径算法获取的种子点之间最短路径，图 1.1(c)为利用马氏距离计算出的道路概率密度分布图，图 1.1(d)为对道路概率密度分布图阈值分割结果，图 1.1(e)为采用核密度估计函数计算出的像素概率分布图，图 1.1(f)为对图 1.1(e)中结果使用地学测量中最短路径搜索算法得到的道路中心线最终结果。

1.2.2　道路网提取方法研究现状

与道路段提取相比，高分辨率影像道路网提取需要将整幅影像上具有连通性的道路识别出来，是一个相对复杂的过程。高分辨率影像道路场景复杂，提取过程可利用的道路目标特征信息丰富，仅依据自动化程度对高分辨率影像道路提取方法进行分类比较笼统，无法准确地对提取方法进行描述。Poullis 等和 Mena 全面地将目前高分辨率影像道路网提取方法进行总结，根据道路网提取过程中知识的使用程度，将高分辨率影像道路网提取分为基于像素的道路网提取、基于区域的道路网提取和基于知识的道路网提取三类(Poullis et al., 2010；Mena, 2003)。

1. 基于像素的道路网提取方法

基于像素的道路网提取方法主要对像素级的信息进行处理和分析，从而推断出可能的道路信息。在这类方法中，边缘检测算子被广泛用于线状特征的提取(Shao et al., 2011)。Porikli 提出一种基于高斯模型的道路提取算法(Porikli, 2003)。该算法首先使用抑制滤波器迭代滤除非道路的纹理信息但同时保存道路的边缘特征，然后使用线滤波器提取可能的道路段并计算其方向，最后运用高斯模型连接所有道路线段，并通过连通成分分析和数学形态学操作修剪道路网络。实验结果表明，该算法能够准确地从遥感影像上提取道路网，但提取过程是一个迭代计算过程，计算量大，耗时较多，同时该算法只能提取低分辨率影像上的道路，不适用于高分辨率影像。Baumgartner 等提出一种基于影像金字塔的道路提取方法，首先利用线滤波器在低分辨率影像上提取线特征，作为原始高分辨率影像上的道路边缘线，然后根据分辨率等级和道路先验知识识别其中的道路线并将其连接成道路网。虽然实验效果不错，但该方法只能提取乡村道路(Baumgartner et al., 1999)。李晓峰等提出一种边缘特征与面状特征相结合的道路提取方法(李晓峰等，2008)。该方法基于信息融合的思想，首先使用 Canny 算子检测道路边缘特征，然后借助 K 均值分类算法获得道路区域，最后将这两种特征进行逻辑互运算实现道路提取。Unsalan 等将道路边缘特征与形状特征用于高分辨率遥感影像道路网提取(Unsalan et al., 2012)。在利用 Canny 算子提取边缘特征之后，根据道路形状特征排除非道路边缘，然后运用统计学理论从道路边缘信息中计算道路中心线位置。

Hu 等根据高分辨率遥感影像上的道路为同质带状区域且边缘处存在灰度突变这一特征，运用 Spoke Wheel 算子计算道路像素的同质多边形，然后运用 Toe-Finding 算法通过分析每个像素的同质多边形推断其道路方向，接着根据道路方向提取道路网，最后利用贝叶斯决策理论修剪道路网(Hu et al., 2007)。该方法在航空灰度影像上取得了较好的效果，但由于主要利用道路灰度特征，因此只能提取边界明显的道路。对于路面存在车辆、树荫的道路，该方法提取精度较差。Zhang 等运用 Hu 等的方法来获取种子点处的道路方向、宽度和起始位置，然后通过模板匹配来提取道路中心线(Zhang et al., 2011)。为了提高算法的鲁棒性，该算法使用欧氏距离变换来消除路面上的车辆、树荫等干扰的影响，取得了较好的效果。该方法由于使用矩形模板匹配，因此只适用于提取遥感影像上曲率变化不大的道路。丁磊等将 Spoke Wheel 算子应用于二值图像的道路中心线提取(丁磊等，2015)。该方法运用 Spoke Wheel 算子构建每个像素的邻域多边形，通过分析邻域多边形识别道路像素，并利用邻域多边形的中心进行投票，最终确定道路中心线的位置。

Hu 等提出一种基于模板匹配和神经网络的半自动道路提取方法(Hu et al.，2000)。该方法首先由人工输入道路的具体宽度和一系列种子点，然后运用相关系数匹配法求出相关系数最大的点，作为可能的道路点，最后运用 Hopfield 神经网络去除错误道路点，选择正确道路段。为了提高匹配速度，该方法使用了非常简单的二值模板，因而只能提取简单的乡村道路，无法提取城镇道路和其他复杂的乡村道路。除了使用道路灰度信息，李润生等提出一种基于角度纹理特征的道路提取方法。该方法通过计算和分析种子点处的方向纹理特征确定道路方向与宽度，然后利用基于纹理特征的模板匹配追踪道路中心线，取得了较好的效果，但当路面存在车辆、树荫等遮挡时，该方法会产生较大的匹配误差(李润生等，2014)。针对高分辨率影像上的道路存在车辆、树荫等干扰这一问题，林祥国等提出一种基于 T 形模板匹配的高分辨率影像道路中心线提取算法(林祥国等，2009)。该方法利用改变模板的形状来尽可能避开路面上的车辆和树荫遮挡，取得了一定的效果，但并没有从本质解决路面遮挡的问题。曹帆之等提出一种均值漂移和卡尔曼滤波相结合的道路中心线提取方法(曹帆之等，2016a)。该方法需由人工提供道路模板，然后利用均值漂移算法通过求解相似度最大点来匹配道路中心点，最后将匹配结果作为观测信息代入卡尔曼滤波方程，结合道路先验信息迭代提取道路中心线。该方法由于使用均值漂移算法并利用卡尔曼滤波引入道路先验信息，因此对路面上的车辆、树荫等遮挡具有较强的鲁棒性，在高分辨率影像上取得不错的效果。

主动轮廓模型自 1988 年被提出以来，便广泛应用于遥感影像线状地物提取(Kass et al.，1988)。Fua 等设计了一种带式 Snake 模型，在能量函数方程中引入表示道路宽度的参数，用于道路中心线提取(Fua et al.，1990)。Gruen 等将最小二乘匹配与 B 样条 Snake 模型结合提取遥感影像上的道路(Gruen et al.，1997)。在他们的方法中，将 Snake 模型视为待匹配的模板，然后运用最小二乘法求解 B 样条的系数来实现 Snake 模型与道路曲线的匹配。Peteri 等提出一种基于 DoubleSnake 模型的道路边缘线提取方法(Peteri et al.，2003)。为了提高算法的鲁棒性，该方法还运用小波变换方法减少路面标记线等噪声干扰。曹帆之等利用动态规划算法提取高分辨率遥感影像上的道路中心线，首先利用图像分割和概率密度估计计算道路概率图，然后根据道路概率图上的道路特征，运用动态规划提取道路中心线(曹帆之等，2016b)。

2. 基于区域的道路网提取方法

基于区域的道路网提取方法是目前较常用的高分辨率遥感影像道路网提取方法。它首先通过图像分割算法或者分类算法将遥感影像分割成不同的区域，然后根据某种规则提取道路网。

根据城镇道路大都为曲率变化不大的直线道路这一特征，Shi 等提出一种基于直线匹配的城市道路提取算法(Shi et al., 2002)。该算法首先运用二值分割得到面状道路，然后从面状区域中检测长度超过某一阈值的线段，再通过数学形态学方法提取道路网。朱长青等在此基础上，将直线匹配方法改进为整体矩形匹配方法，用于高分辨率道路提取(朱长青等，2008)。该方法在直线道路上取得了较好的效果，能够有效排除路面上车辆的影响，但由于匹配模板为矩形，该方法不适用于提取曲率较大或存在交叉口的复杂道路。

Huang 等提出一种基于多尺度结构和支持向量机的道路中心线提取算法(Huang et al., 2009)。该方法主要分为三步：①利用目标朝向算法在多尺度空间提取光谱结构特征；②利用支持向量机分别在不同尺度空间提取道路目标，然后利用主体投票算法实现多尺度空间下的信息融合；③利用数学形态学细化算法提取道路中心线，并运用连通区域分析移除道路上的毛刺。Yager 等也提出一种基于支持向量机的道路提取算法(Yager et al., 2003)。他们的方法分为两个阶段：第 1 阶段，利用道路边缘长度、边缘梯度及道路灰度等特征训练支持向量机，然后利用该支持向量机将边缘线分为道路边缘和非道路边缘；第 2 阶段，该算法再次运用支持向量机来识别相互平行的边缘线，进而提取道路段。

Bacher 等提出一种基于半监督分类的道路自动提取算法(Bacher et al., 2005)。该算法首先在卫星影像的不同波段上分别检测线特征；然后根据这些线特征推断道路区域，再生成道路训练样本进行监督分类；最后从分类结果中提取潜在道路。Mena 等提出一个道路自动提取系统，其包含数据预处理、基于多层纹理统计评估的二值分割、骨架提取和自动矢量化及提取结果评估(Mena et al., 2005)。该系统能够快速地从遥感影像上生成道路矢量图。

Yuan 等提出一种基于 LEGION(locally excitatory globally inhibitory oscillator networks)的道路网自动提取方法(Yuan et al., 2011)。根据高分辨率影像上的道路通常为宽度变化不大的同质带状区域，且与周围地物存在显著灰度差异，该方法将道路提取任务分为三步：首先运用 LEGION 网络分割影像；然后在此基础上进行中轴提取并且检测位于道路区域的像素点；最后利用 LEGION 模型连接道路段，生成道路网。该方法虽然能够从影像上提取较完备的道路网，但对于不同类型的影像需要选择不同的参数。

朱长青等根据数学形态学理论，提出一种基于灰度形态特征的道路提取算法(朱长青等，2004)。该方法首先利用灰度形态学操作将影像上的像素分为不同的形态类型，然后根据像素的形态特征确定位于潜在道路区域的像素，最后运用 Shi 等提出的直线特征匹配法从二值影像中提取道路网。该方法是一种对图像噪声具有较强鲁棒性的道路网提取算法，但因为采用基于数学形态学的图像分割方法来获取初始道路轮廓，所以形态学结构元的选取对提取结果有至关重要的影响。

Miao 等提出一种基于形状特征的道路中心线提取算法(Miao et al., 2013)。根据高分辨率遥感影像上的道路为同质区域这一特征，该算法首先利用边缘滤波提取影像上的同质区域，然后计算每个区域的线状特征指数(linear feature index)，排除非道路区域，最后利用自适应回归算法提取道路中心线。Shi 等提出一种高分辨率遥感影像道路主干道提取算法(Shi et al., 2014)。该算法首先利用基于 GAN 的数学形态学操作提取影像光谱和几何特征，然后利用局部 Geary 系数测量影像上像素的同质性，接着根据已知的同质、光谱和几何特征，运用支持向量机提取道路区域，最后运用回归算法提取光滑道路曲线。该算法同时考虑道路光谱、几何及形状特征，具有较高的道路提取精度。

对于从分类影像上提取道路中心线这一问题，传统方法大都利用数学形态学进行细化操作，虽然能够快速提取道路中心线，但提取结果不光滑，存在较多毛刺，仍需大量人工后期处理。Zhang 等对 Radon 变换进行深入研究，将其用于分类影像上的道路中心线提取和道路宽度估算(Zhang et al., 2007)。传统的 Radon 变换在线状特征检测中有着广泛的应用，它不仅可以从充满噪声的图像中准确检测线状特征，而且能够估计道路宽度，但却无法检测道路中心线。对于这一问题，Zhang 等提出一种均值滤波算法，有效解决了 Radon 变换中峰值选取问题，同时运用剖面分析技术确定真实线参数。该方法在直线道路段的中心线提取中取得了较好的效果，对图像上的噪声不敏感，但该方法不适于弯曲道路的提取。Doucette 等修改了 Kohonen 提出的自组织神经网络算法，并提出自组织道路映射(self organizing road mapping, SORM)算法，用于从分类影像上提取道路中心线(Doucette et al., 2001)。SORM 算法的本质是一种空间聚类技术，可以自动识别和连接狭长区域，对分类影像上的噪声具有鲁棒性，但无法提取狭长区域终点附近的道路。Miao 等利用 K 均值聚类将分类影像上的像素分为多个类，然后根据一定规则识别位于道路终端的类，并计算道路终点位置，最后利用测地线方法拟合道路中心线(Miao et al., 2014)。该算法能够提取非常光滑的道路曲线，但无法处理相互连通的环形道路区域。

3. 基于知识的道路网提取方法

在现实世界中，道路和其他人工建筑(如屋顶、停车场、水泥地等)通常使用相同的物理材料，导致道路和其他一些地物在遥感影像上具有相似的光谱反射特征，而已有的道路提取算法大都只使用影像光谱信息进行道路提取，因此很难将道路与影像背景完全区分。鉴于这一原因，基于知识的道路提取算法将融合多种数据，使用多种信息在更高层面上进行知识的挖掘、总结和表达，最终实现道路特征的识别和提取。

根据高分辨率影像上的道路纹理信息，Shen 等设计了一种基于纹理特征的道路追踪算法。该算法计算较耗时，只适合于提取狭长的带状道路，无法用于存在树荫或其他遮挡的复杂道路场景中(Shen et al., 2008)。袁丛洲等利用遥感影像上的道路拓扑关系提取道路网，通过线特征检测、线元素拓扑关系分析、道路识别等过程获得整幅影像上的道路拓扑结构(袁丛洲等，2012)。李百寿等深入研究了遥感影像上线状地物的纹理特征，通过对线状地物纹理特征的总结和分析，设计了遥感图像线性影纹理解专家系统，使用该系统提取道路等线状地物，取得了较高的提取精度(李百寿等，2008)。Grote 等提出一种基于光谱特征和几何特征的道路提取算法，首先运用图割算法将遥感影像划分为不同区域，然后利用灰度均值、方差等光谱统计特征和面积、长度等几何信息识别道路区域，最后根据一些规则自动连接道路段并根据车辆、树荫等上下文特征排除非道路的地物(Grote et al., 2012)。

根据人类视觉原理，Poullis 等设计了一种可用于多源遥感数据的道路自动提取算法(Poullis et al., 2010)。该算法不仅可以用于卫星影像，还可以用于航空影像和 Lidar 数据的道路提取。为了完成空间几何结构的识别与分类，该算法整合了感知编组理论(张量投票和 Gabor 滤波)和最优分割技术(基于图割理论的全局最优化)。该算法首先结合张量投票和 Gabor 滤波提取空间结构的几何信息，然后使用图像分割算法，结合 Gabor 滤波捕获的方向信息和道路灰度信息识别道路区域，最后利用高斯滤波器从道路区域提取道路中心线。该算法能够从多种遥感数据中提取复杂道路，且不需要人工设置阈值，自动化程度较高，但当背景信息与道路难以区分时，该算法无法准确提取道路中心线。对于这一问题，Poullis 在原有基础上对算法进行改进，在图像分割过程中加入道路光谱信息，使道路分类的精度得到提高(Poullis, 2014)。

从单一遥感影像上提取道路，就目前研究进展来看仍有较大难度。学者们开始研究基于多源遥感数据的道路提取。多源遥感数据能够提供更多的辅助信息(如目标高程、空间位置等)，从而更加准确地将道路从背景信息中识别出来。李怡静等将 Lidar 数据与遥感影像融合，用于复杂场景下的城市道路提取(李怡静等，2012)。该方法首先根据道路与树木、房屋等地物之间的高程差异，利用滤波算法提取点云数据中的道路点，进而获取初始道路中心线；然后将高分辨率影像与Lidar 数据融合并构建道路模型，最后利用动态规划提取道路中心线。此外，学者们也对遥感影像与 SAR 影像的结合、遥感影像与地面高程模型数据的结合及遥感影像与 GIS 数据的结合进行了大量研究，并取得了较好的效果(窦建方等，2009；翟辉琴等，2004；李军等，2013)。采用多源遥感数据进行道路提取综合利用了更多信息，能够有效地提高道路提取的精度，但也提高了道路提取的门槛，对原始数据有较高的要求。因此，在大多数情况下，还是主要依靠遥感影像信息进行道路特征识别，如何从单一遥感影像数据中尽可能多地挖掘道路信息仍是目前研究的主流。

1.2.3　存在的问题及发展方向

1. 存在的问题

高分辨率影像道路网提取算法众多，很多算法仅对特定影像、特定区域(郊区、农村)、特定道路(高速公路、城市道路)提取效果理想，算法的普适性与鲁棒性还需进一步提高。现有算法存在的问题可总结为以下方面。

1)现有算法缺乏对干扰因素的处理策略

很多道路提取算法在设计时，将道路影像场景视为无噪声、无干扰因素的理想环境。但在实际影像中，尤其是高分辨率城市影像中，由于地物存在同物异谱和异物同谱的特点，路面几何和光谱特征都对路面车辆、行树、建筑物压盖等干扰因素极为敏感，因此路面结构会发生改变，无法与理想情况下道路模型相匹配，直接影响提取效果。

2)现有算法对道路交叉口目标利用率不高

目前道路网提取算法构建道路拓扑结构时缺乏严密的制图学理论依据，没有对路段之间空间关系进行充分挖掘和利用。道路交叉口是一类重要的地理目标，对道路拓扑结构及空间关系建立起着桥梁作用，是提取道路网过程中不可忽视的环节，如何充分利用道路交叉口的连接性作用构建道路网拓扑结构是亟待解决的问题。

3)现有算法对上下文特征的处理有待改善

上下文特征是高分辨率影像道路呈现的基本特征之一，对于辅助道路段定位识别具有重要意义。目前很多算法在设计道路模型时未考虑路面上下文特征对道路提取的影响，或仅简单地将这些特征(车辆、阴影)用重采样技术赋值以达到设法去除车辆、树木对道路提取的影响，没有充分发挥上下文特征辅助道路提取的功能。如何合理运用道路上下文特征辅助道路识别提取是当前道路网研究工作的热点与难点。高分辨率影像信息丰富，如何从海量信息中获取有用信息来辅助道路提取是需要解决的问题。

2. 发展方向

关于道路提取的研究已经持续 40 多年，期间人们提出了各种各样的道路提取算法。但是，目前很多算法只对特定类型的图像、特定特征的道路(如乡村道路、城市道路、高速公路等)有较好的提取效果，不具有普适性，同时算法对路面上车辆、树荫等遮挡敏感，无法处理道路场景复杂的情况。总体来说，道路提取算法已经取得较大进展，但在以下方面仍有较大提升空间。

1)多层次信息的有机结合

根据 Marr 的视觉理论，道路特征的识别与提取是在低、中、高三个层级上分别进行信息处理和知识挖掘。低层次的信息处理主要是对遥感图像上点、线、面等简单特征的检测，检测得到的低层次特征将进行中层次的信息处理，即从低层次的特征中提取目标对象的结构特征，最后通过高层次的知识发现和总结，提取准确的道路信息。在目前的道路提取研究中，虽然涉及各个层次的信息处理，但往往只注重某一个信息层级，对三个信息层次的协同处理则有待进一步研究。

2)数学理论的应用

数学在目标识别、图像处理领域有着十分重要的应用。在道路自动提取中，动态规划、小波变换、数学形态学等都得到了一定的应用，但其应用的广度和深度还有待加强。小波变换与分析被广泛用于图像滤波、特征提取等领域，对道路目标的识别和提取可以发挥重大作用。数学形态学具有良好的空间结构分析能力，可用于道路几何特征分析和提取。同时，样条曲线拟合等相关理论也可以用来解决道路表示的问题。

3)计算机视觉理论与方法的应用

目标识别这一问题一直以来就与计算机视觉、机器学习等学科息息相关。可以说,这些学科的发展高度决定了目标识别所能达到的高度。在遥感影像道路提取中,充分运用计算机视觉与机器学习等领域中的最新理论和前沿技术,将极大地促进道路提取的发展。

1.3 本书的主要内容和结构安排

本书总结了现有高分辨率遥感影像道路提取算法及存在的问题,分析了高分辨率遥感影像上的道路特征,分别针对高分辨率遥感影像道路段提取(第2、3章)及道路网提取(第4~7章)进行了深入研究,设计开发了遥感影像道路智能化提取系统(第8章)。全书的结构安排如下。

第1章,绪论。主要介绍目前高分辨率遥感影像的发展趋势,并对遥感影像道路提取的概念、研究现状进行详细总结与分析。重点对影像道路段提取方法、道路提取方法及原理进行详细介绍,明确影像道路提取的理论基础及目前研究存在的问题,为后续研究奠定基础。

第2章,基于动态规划的高分辨率遥感影像道路提取。由于高分辨率影像细节丰富、道路场景复杂,传统的主动轮廓模型算法主要用于中、低分辨率影像上的道路提取。该章提出一种可用于高分辨率影像道路提取的主动轮廓模型算法,该算法首先利用支持向量机从影像上提取道路样本点,然后运用核密度估计计算道路概率分布图,接着根据概率分布图上的道路特征定义代价函数,最后运用动态规划求解代价函数的极大值,提取道路中心线。

第3章,基于模板匹配的高分辨率遥感影像道路提取。通过分析传统匹配算法对路面遮挡敏感的原因,该章算法采用一种对观测值粗差鲁棒的相似性测度,设计一种基于均值漂移的道路中心点匹配算法,然后运用卡尔曼滤波将道路先验信息和匹配信息结合,实现道路中心线追踪。该算法克服了传统模板匹配算法对路面上的车辆、树荫等遮挡敏感的缺点,具有较强的鲁棒性。

第4章,道路网提取的基本方法与技术框架。主要介绍提取高分辨率影像道路网的基本思想及关键技术。针对道路网提取时需要解决的问题,设计相应的解决方案,详细介绍道路网提取过程中涉及的理论方法及关键技术,为后面介绍具体技术细节做铺垫。

　　第 5 章，基于可变形部件模型的道路交叉口概略位置获取。该章主要针对提取影像交叉口概略位置的方法展开研究，目的是为后续交叉口提取与识别提供前提，从而提高搜索效率。利用可变形部件模型思想构建交叉口目标模型，将不同类型交叉口目标视为由若干变形部件组成的模型，通过交叉口模型构建、样本训练、匹配搜索等步骤完成交叉口概略位置的提取，为交叉口准确位置检测做准备。

　　第 6 章，基于语义规则的道路交叉口准确位置获取。该章内容是在第 5 章研究结果基础上完成的，目的是获取影像交叉口准确位置并识别交叉口类型。该章将影像道路交叉口对象视为由交叉口同质区域及区域边界构成的多边形。综合利用道路交叉口同质区域辐射纹理特征及几何特征对其特征进行描述，并制定相应语义规则，通过光谱特征语义匹配与几何特征语义匹配提取准确的交叉口位置，然后利用同质区域边界像素至中心点像素距离函数识别交叉口类型，完成交叉口的提取任务，为后续道路匹配搜索提供前提。

　　第 7 章，道路交叉口间的路径搜索。该章设计两种影像场景下的道路节点匹配搜索方法，对路面无干扰因素及路面存在干扰因素(车辆、树木、阴影等)时的道路节点搜索方法进行详细介绍。在此基础上，介绍将道路段节点拟合为光滑曲线的方法，通过最小二乘匹配及三次样条函数将离散道路段节点拟合为连续曲线，完成交叉口之间路径的搜索工作。

　　第 8 章，道路网构建及道路提取系统设计。该章介绍利用道路交叉口提取结果及路径搜索方法构建影像道路网的基本步骤与计算流程，同时对道路网后处理技术进行介绍。基于以上理论与方法开发遥感影像道路提取系统，介绍系统设计思想，以及系统内部事件处理流程、系统主要功能、使用方法及注意事项等内容。

　　第 9 章，总结与展望。对全书涉及的研究工作进行总结，对下一步需要研究的内容进行阐述。

第 2 章 基于动态规划的高分辨率遥感影像道路提取

2.1 引 言

在遥感影像道路半自动提取方法中，主动轮廓模型和模板匹配方法被认为是较实用的两种方法。基于动态规划的道路提取算法是一种常用的主动轮廓模型方法，其根据遥感影像上的道路特征构建代价函数，然后利用动态规划求解代价函数的极大值来提取道路。Gruen 等根据低分辨率影像上的道路主要为具有高灰度值的光滑曲线这一特征，提出了一种经典的基于动态规划的道路提取算法，但这种算法只适用于低分辨率影像(Gruen et al.，1995)。在中高分辨率的遥感影像上，道路不再是简单的线状特征，而是变成具有一定宽度的长条状区域，因此 Dalpoz 等在 Gruen 的基础上，修改了代价函数，加入道路宽度信息，使该算法能够用于中高分辨率影像的道路提取(Dalpoz et al.，2010)。由于高分辨率影像的道路特征复杂多变，而传统算法都是直接根据原始影像上的道路灰度特征定义代价函数，因此很难定义具有普适性的代价函数，导致传统算法只能提取固定灰度特征的简单道路，对于其他类型的道路，只能重新定义相应的代价函数，在实际应用中有很大局限。

通过分析传统算法存在局限的原因，本章提出一种基于动态规划的道路中心线半自动提取算法，该算法适用于高分辨率影像上的道路提取。首先，利用支持向量机和核密度估计计算道路概率密度图，将原始影像上复杂多样的道路特征转换为道路概率分布图上简单一致的道路特征；然后，根据概率分布图上的道路特征定义代价函数；最后，利用动态规划求解代价函数的极大值，提取道路中心线。

2.2 道路概率分布图

道路概率分布图表示影像上每一个像素点是道路的概率。本章算法通过支持向量机提取道路类，然后利用核密度估计计算道路概率分布图。

2.2.1 支持向量机

支持向量机是由 Cortes 等于 1995 年提出的一种二类分类模型，它在文本分类、手写数字识别、目标识别及人脸检测中表现出许多特有的优势，被认为是当前最好的学习算法之一(Cortes et al.，1995)。

1. 基本原理

假定样本集 $S = \{(x_1,y_1),(x_2,y_2),\cdots,(x_m,y_m)\}, y_i \in \{-1,1\}$，其中 x_i 表示样本特征向量，y_i 表示样本类别标签。支持向量机的基本思想就是寻找一个分类超平面，使得样本点到分类超平面的距离最大。在样本空间内，分类超平面可表示为

$$w^{\mathrm{T}}x + b = 0 \tag{2.1}$$

式中，$w = (w_1,w_2,\cdots,w_n)$ 为分类超平面的法向量；b 为坐标原点到分类超平面的距离。

样本空间内任意样本点到分类超平面的距离为

$$d = \frac{\left|w^{\mathrm{T}}x + b\right|}{\|w\|} \tag{2.2}$$

设分类超平面 (w,b) 能将训练样本集中样本点 x_i 分类正确，对任意 $(x_i,y_i) \in S$，如果 $y_i = 1$，那么有 $w^{\mathrm{T}}x_i + b > 0$；如果 $y_i = -1$，那么 $w^{\mathrm{T}}x_i + b < 0$。若超平面能将所有样本点分类正确，则存在参数 (w,b)，使得

$$\begin{cases} w^{\mathrm{T}}x_i + b \geqslant 1, & y_i = 1 \\ w^{\mathrm{T}}x_i + b \leqslant -1, & y_i = -1 \end{cases} \tag{2.3}$$

对于分类超平面 (w,b)，使不等式(2.3)等号成立的样本点，即距离分类超平面最近的样本点，称为支持向量。属于不同类的两个支持向量到分类超平面的距离之和为

$$\gamma = \frac{2}{\|w\|} \tag{2.4}$$

γ 被定义为间隔，如图 2.1 所示。

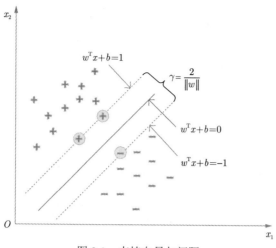

图 2.1　支持向量与间隔

　　寻找间隔最大的分类超平面，也就是寻找使所有样本点满足不等式(2.3)的参数 w 和 b，使间隔 γ 最大，即

$$\max_{w,b} \frac{2}{\|w\|}$$
$$\text{s.t. } y_i(w^{\mathrm{T}}x_i + b) \geqslant 1, \quad i = 1,2,\cdots,m \tag{2.5}$$

　　由式(2.5)可知，要使间隔 γ 最大，等价于求解 w 使得 $\|w\|^2$ 最小。因此，式(2.5)可改写为

$$\min_{w,b} \frac{1}{2}\|w\|^2$$
$$\text{s.t. } y_i(w^{\mathrm{T}}x_i + b) \geqslant 1, \quad i = 1,2,\cdots,m \tag{2.6}$$

　　式(2.6)便是支持向量机的基本理论模型。求解式(2.6)得到间隔最大的分类超平面所对应的数学模型为

$$f(x) = w^{\mathrm{T}}x + b \tag{2.7}$$

式中，w 和 b 为参数。

　　式(2.6)的求解通常是通过拉格朗日乘子法将其转化为该问题的对偶问题。该问题的拉格朗日函数为

$$L(w,b,a) = \frac{1}{2}\|w\|^2 + \sum_{i=1}^{m} a_i(1 - y_i(w^{\mathrm{T}}x_i + b)) \tag{2.8}$$

式中，$a = (a_1, a_2, \cdots, a_m)$。对 $L(w,b,a)$ 求变量 w 和 b 的偏导数并令其为零，可得

$$w = \sum_{i=1}^{m} a_i y_i x_i \tag{2.9}$$

$$\sum_{i=1}^{m} a_i y_i = 0 \tag{2.10}$$

将式(2.9)代入式(2.8)，再结合式(2.10)，可得式(2.6)的对偶问题：

$$\max_{a} \sum_{i=1}^{m} a_i - \frac{1}{2} \sum_{i=1}^{m} \sum_{j=1}^{m} a_i a_j y_i y_j x_i^{\mathrm{T}} x_j$$
$$\text{s.t.} \sum_{i=1}^{m} a_i y_i = 0 \tag{2.11}$$
$$a_i \geqslant 0, \quad i = 1, 2, \cdots, m$$

求解出 w 和 b 即可得到分类间隔最大的超平面的数学模型，即

$$f(x) = w^{\mathrm{T}} x + b = \sum_{i=1}^{m} a_i y_i x_i^{\mathrm{T}} x + b \tag{2.12}$$

在前面的讨论中，训练样本被认为是线性可分的，也就是说存在一个分类超平面能够将所有样本点分类正确。但是，在现实生活中样本数据并不一定总是线性可分的，对这一情况，可将样本从原始特征空间映射至一个维度更高的特征空间，使得样本点集在新的特征空间内变得线性可分，如图 2.2 所示。

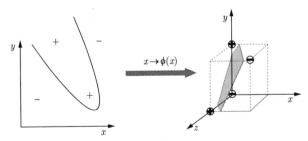

图 2.2　样本点线性不可分与高维特征映射

令 $\phi(x)$ 表示样本点 x 映射后的特征向量，因此在高维特征空间中分类超平面所对应的数学模型为

$$f(x) = w^{\mathrm{T}} \phi(x) + b \tag{2.13}$$

与式(2.6)相似，有

$$\min_{w,b} \frac{1}{2}\|w\|^2$$
$$\text{s.t. } y_i(w^{\text{T}}\phi(x_i)+b) \geq 1, \quad i=1,2,\cdots,m \tag{2.14}$$

其对偶问题为

$$\max_a \sum_{i=1}^m a_i - \frac{1}{2}\sum_{i=1}^m\sum_{j=1}^m a_ia_jy_iy_j\phi(x_i^{\text{T}})\phi(x_j)$$
$$\text{s.t. } \sum_{i=1}^m a_iy_i = 0 \tag{2.15}$$
$$a_i \geq 0, \quad i=1,2,\cdots,m$$

求解式(2.15)时需要计算 $\phi(x_i)^{\text{T}}\phi(x_j)$。但是，通常样本点 x 映射后的特征向量 $\phi(x)$ 的维数会非常高，因此直接计算 $\phi(x_i)^{\text{T}}\phi(x_j)$ 的成本是非常大的。对于这一问题，存在以下函数：

$$k(x_i,x_j) \leq \phi(x_i), \quad \phi(x_j) \geq \phi(x_i)^{\text{T}}\phi(x_j) \tag{2.16}$$

即样本点 x_i 和 x_j 的特征向量 $\phi(x_i)$ 和 $\phi(x_i)$ 的内积等于它们自身代入函数 $k(x_i,x_j)$ 计算的结果。当不等式(2.16)成立时，不需要直接计算高维特征向量 $\phi(x_i)$ 和 $\phi(x_i)$ 的内积，因此式(2.15)可改写为

$$\max_a \sum_{i=1}^m a_i - \frac{1}{2}\sum_{i=1}^m\sum_{j=1}^m a_ia_jy_iy_jk(x_i,x_j)$$
$$\text{s.t. } \sum_{i=1}^m a_iy_i = 0 \tag{2.17}$$
$$a_i \geq 0, \quad i=1,2,\cdots,m$$

对其求解即可得分类面的数学表达式：

$$f(x) = w^{\text{T}}\phi(x) + b = \sum_{i=1}^m a_iy_i\phi(x_i)^{\text{T}}\phi(x_j) + b$$
$$= \sum_{i=1}^m a_iy_ik(x_i,x_j) + b \tag{2.18}$$

式中，函数 $k(x_i,x_j)$ 为核函数。

常用的几种核函数如表 2.1 所示。

表 2.1 常用核函数

名称	表达式	参数
线性核函数	$k(x_i, x_j) = x_i^{\mathrm{T}} x_j$	
多项式核函数	$k(x_i, x_j) = (x_i^{\mathrm{T}} x_j)^d$	$d \geqslant 1$ 为多项式的次数
高斯核函数	$k(x_i, x_j) = \exp\left(-\dfrac{\left\| x_i - x_j \right\|^2}{2\sigma^2}\right)$	$\sigma > 0$ 为高斯核函数的带宽
拉普拉斯核函数	$k(x_i, x_j) = \exp\left(-\dfrac{\left\| x_i - x_j \right\|^2}{\sigma^2}\right)$	$\sigma > 0$
Sigmoid 核函数	$k(x_i, x_j) = \tanh(\beta x_i^{\mathrm{T}} x_j + \theta)$	$\beta > 0,\ \theta < 0$

2. 基于支持向量机的分类

这里根据道路光谱特征,运用支持向量机将遥感图像分为道路类与非道路类。由于遥感影像存在异物同谱和同物异谱等问题,本章算法选用软间隔支持向量机进行分类,所需的训练样本由人工提供,分类的结果如图 2.3 所示。

(a) 原始影像   (b) 分类结果

图 2.3 基于支持向量机的影像分类

2.2.2 核密度估计

处理服从未知分布的观测数据,通常需要从已知数据中估计其概率密度函数 f,这称为概率密度估计。目前常用的概率密度估计方法有参数估计、直方图估计和核密度估计(Silverman,1986)。

1. 参数估计

假设随机变量 Y 的概率密度函数 $f(x, \theta)$ 的数学形式已知,那么对密度函数 f 的估计则变为对未知参数 θ 的估计,这里称为参数估计。

对于服从正态分布 $N(u,\sigma^2)$ 的样本点 $y_1,y_2,\cdots,y_n$，其概率密度函数为

$$f(x;u,\sigma^2)=\frac{1}{\sigma\sqrt{2\pi}}\exp\left(-\frac{(x-u)^2}{2\sigma^2}\right)\qquad(2.19)$$

对其密度函数 $f(x;u,\sigma^2)$ 的估计就是利用已知样本数据计算未知参数 u 和 σ。参数估计的一类经典方法是最大似然估计，即选择参数 u 和 σ 使得观测到已知数据的似然度最大。

参数估计最大的缺点是需要假设样本服从某一类分布函数族。如果假设不成立，那么估计的概率密度函数会与实际密度函数相差很大。

2. 直方图估计

非参数估计是让数据自身来决定概率密度函数的形状，没有要求概率密度函数必须服从某一类分布函数族，即不需要任何关于概率密度函数形式的先验假设，因此它要比参数估计灵活很多。直方图估计是历史最悠久并且使用最广泛的非参数估计方法。它的计算过程为：从 n 个观测数据 $x_1,x_2,\cdots,x_n$ 中构建直方图，将 n 个数据划分到不同的区间内，然后统计各个区间内的样本数目。估计点 x 处的概率密度直方图估计为

$$\hat{f}(x)=\frac{1}{n}\frac{\text{Num}}{\text{Width}}\qquad(2.20)$$

式中，Num 表示 x 所在区间内的样本点数；Width 表示 x 所在区间的宽度。

在直方图估计中，需要确定两个参数：直方图起点和区间宽度。直方图起始点的选择对直方图的形状有重大影响，如图 2.4 所示。图 2.4(a)为正态分布曲线，图 2.4(b)和(c)均为对该概率密度曲线的直方图估计。观察图 2.4 可知，由于直方图起始点不同，因此利用同一样本数据绘制的直方图存在明显差异。

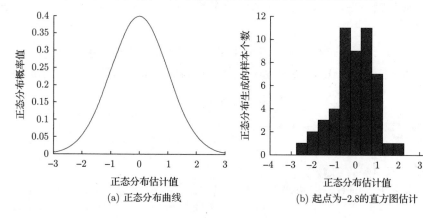

(a) 正态分布曲线   (b) 起点为-2.8的直方图估计

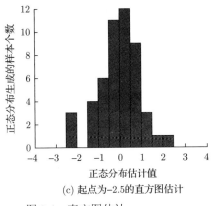

(c) 起点为-2.5的直方图估计

图 2.4　直方图估计

分隔区间的宽度直接影响直方图的光滑度，并且决定直方图能否有效刻画真实概率分布曲线。为了让直方图能够准确描述真实概率分布曲线，需确保每个间隔都有足够的观测数据落入。因此，区间宽度通常由人工目视确定。

3. 核密度估计

基于直方图的概率密度估计虽然能够描述数据内在的分布规律，但仍存在三个主要缺点：①图形不光滑；②直方图的形状易受起始点的位置和区间宽度的影响；③当数据为三维或更高维时，直方图估计存在很大局限。核密度估计是直方图估计的一种推广，但与直方图估计不同的是，核密度估计根据观测数据靠近估计点 x 的程度给予相应的权重，克服了直方图估计不光滑、依赖起始点等缺点。核密度估计的数学形式为

$$\hat{f}(x) = \frac{1}{nh^d} \sum_{i=1}^{n} K\left(\frac{x - x_i}{h}\right) \tag{2.21}$$

式中，x_i 为观测数据；$\hat{f}(x)$ 为点 x 处的概率密度估计值；h 为核密度估计的带宽；$K(x)$ 为核函数。

核函数的定义为：设 x 为 d 维欧氏空间 $\mathbf{R}^d$ 内的一个点，$\mathbf{R}$ 表示实数域，对于一个函数 $K : \mathbf{R}^d \to \mathbf{R}$，如果存在一个剖面函数 $k : [0, +\infty] \to \mathbf{R}$，满足

$$K(x) = k\left(\|x\|^2\right) \tag{2.22}$$

并且满足

①$k(x) \geqslant 0$；

②若 $a < b$，则 $k(a) \geqslant k(b)$；

③剖面函数 k 分段连续且 $\int_0^\infty k(r)\mathrm{d}r < \infty$。

那么称函数 $K(x)$ 为核函数。

同时，为了使函数 $\hat{f}(z)$ 具有概率密度函数的性质，核函数 $K(x)$ 还需满足以下条件：

$$\int_{-\infty}^{\infty} K(x)\mathrm{d}x = 1 \tag{2.23}$$

在核密度估计中，常用的核函数有高斯核函数、Epanechnikov 核函数、三角核函数和矩形核函数。

高斯核函数的数学表达式与标准正态分布相似：

$$K(x) = \frac{1}{\sqrt{2\pi}}\mathrm{e}^{-\frac{x^2}{2}} \tag{2.24}$$

Epanechnikov 核函数为二阶多项式，其数学表达式为

$$K(x) = \begin{cases} \dfrac{3\left(1-\dfrac{x^2}{5}\right)}{4\sqrt{5}}, & |x| < \sqrt{5} \\ 0, & \text{其他} \end{cases} \tag{2.25}$$

三角核函数的数学表达式为

$$K(x) = \begin{cases} 1-|x|, & |x| < 1 \\ 0, & \text{其他} \end{cases} \tag{2.26}$$

矩形核函数定义为

$$K(x) = \begin{cases} \dfrac{1}{2}, & |x| < 1 \\ 0, & \text{其他} \end{cases} \tag{2.27}$$

通过支持向量机分类获得一系列道路样本点 z_i，本章算法使用核密度估计计算道路概率分布图，使用的核函数为高斯核函数，计算结果如图 2.5 所示。

观察图 2.5(b)可知，道路中心线上的概率值要明显高于其他位置上的概率值，本章道路提取算法中的代价函数便根据这一特征来定义。因为概率分布图上的道路特征不随原始遥感影像上的道路光谱特征变化而变化，所以本章所提出的方法能够提取各种不同光谱特征的道路，不需要修改代价函数。

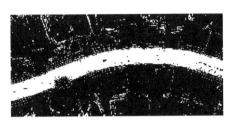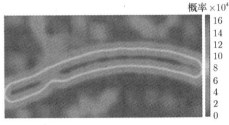

(a) 道路样本点　　　　　　　　　　　　(b) 道路概率分布图

图 2.5　计算结果

2.3　道路中心线提取

传统基于动态规划的道路提取算法主要根据原始影像上的某一类道路特征建立道路模型,构建代价函数,只能提取与道路模型相符的简单道路,因此存在很大的局限性。为了提高算法的普适性,本章算法选择利用道路概率分布图上的道路特征来构建道路中心线模型和代价函数,然后运用动态规划提取高分辨率遥感影像上的道路中心线。

2.3.1　动态规划

动态规划主要用来解决最优化问题(Amini et al.,1990)。对于一个代价函数:

$$g = g(x_1, x_2, \cdots, x_n), \quad 0 \leqslant x_i \leqslant m_i; i = 1, 2, \cdots, n \tag{2.28}$$

当其自变量$(x_1, x_2, \cdots, x_n)$为离散值并且代价函数g为以下形式时

$$g(x_1, x_2, \cdots, x_n) = g_1(x_1, x_2, x_3) + g_2(x_2, x_3, x_4) + \cdots + g_{n-2}(x_{n-2}, x_{n-1}, x_n) \tag{2.29}$$

该函数最大值M可用动态规划算法求解,其过程如下:

(1)对于任意变量x_2、x_3,求解函数$f_1(x_2, x_3)$

$$f_1(x_2, x_3) = \max_{x_1}\left[g_1(x_1, x_2, x_3) \right] \tag{2.30}$$

(2)仿照步骤(1)继续消除变量x_2,即对于任意变量x_3、x_4,求解函数$f_2(x_3, x_4)$

$$f_2(x_3, x_4) = \max_{x_2}\left[f_1(x_2, x_3) + g_2(x_2, x_3, x_4) \right] \tag{2.31}$$

(3)重复上述步骤,最终可得

$$f_{n-1}(x_n) = \max_{x_{n-1}}\left[f_{n-2}(x_{n-1}, x_n)\right] \tag{2.32}$$

因此，代价函数的最大值 M 为

$$M = \max[g] = \max_{x_n}\left[f_{n-1}(x_n)\right] \tag{2.33}$$

2.3.2　道路模型构建

根据道路概率分布图上的道路特征，建立道路中心线模型，其具有以下性质。

(1)在道路概率分布图上，道路中心线上的像素比其他像素拥有更高的灰度值，如图 2.2(c)所示。因此，道路中心线上所有像素的灰度值平方和将达到最大值，即

$$E_{\text{p}} = \int \left\{G\big[f(s)\big]\right\}^2 \mathrm{d}s = \max \tag{2.34}$$

式中，$G[f(s)]$ 表示道路概率分布函数；$f(s)$ 表示道路中心线。

(2)根据道路的几何特性，道路中心线应为一条光滑曲线，即

$$E_{\text{g}} = \int \big[f''(s)\big]^2 \mathrm{d}s = \min \tag{2.35}$$

(3)由《中华人民共和国道路交通安全法》可知，道路的局部曲率存在一个上界，即

$$C_{\text{g}} = \big|f''(s)\big| \leqslant T_1 \tag{2.36}$$

式中，T_1 为给定阈值。

在算法具体实现过程中，道路中心线用一条含 n 个顶点的折线段表示，且折线段上的顶点可以绕其初始位置 (x_i, y_i) 移动。设折线段的顶点为 $p = \{p_1, p_2, \cdots, p_n\}$，$p_i = (x_i, y_i)$，道路中心线模型的性质 1[式(2.34)]的离散形式为

$$E_{\text{p}} = \sum_i E_{\text{p}}(p_i, p_{i+1}) = \sum_i \sum_{s \in S} G_{p_i p_{i+1}}^2(s) = \max \tag{2.37}$$

式中，S 为线段 $p_i p_{i+1}$ 的像素集合；$G_{p_i p_{i+1}}$ 为概率分布图上线段 $p_i p_{i+1}$ 的灰度函数。

性质 2[式(2.35)]和性质 3[式(2.36)]的离散形式可表示为

$$E_{\text{g}} = \sum_i \frac{\big[1 - \cos(a_i - a_{i+1})\big]}{|\Delta s_i|} = \min \tag{2.38}$$

$$C_g = \left| a_i - a_{i+1} \right| < T_1 \qquad (2.39)$$

式中，a_i 为线段 $p_i p_{i+1}$ 的方向；$\left| \Delta s_i \right|$ 为线段 $p_i p_{i+1}$ 的长度，即

$$a_i = \arctan\left(\frac{y_i - y_{i-1}}{x_i - x_{i-1}} \right) \qquad (2.40)$$

$$\left| \Delta s_i \right| = \sqrt{(x_i - x_{i-1})^2 + (y_i - y_{i-1})^2} \qquad (2.41)$$

根据道路中心线模型，构建代价函数为

$$E = \sum_i E_i(p_{i-1}, p_i, p_{i+1}) = \sum_i \left[1 + \cos(a_i - a_{i+1}) \right] \sum_{s \in S} \frac{G^2_{p_i p_{i+1}}(s)}{\left| \Delta s_i \right|} \qquad (2.42)$$

由式(2.42)可知，代价函数 E 为一系列函数项 E_i 之和，每个 E_i 只依赖折线段的三个相邻顶点 $\left\{ p_{i-1}, p_i, p_{i+1} \right\}$，$p_i = (x_i, y_i)$，同时代价函数 E 必须满足限制条件式(2.39)，即 $\left| a_i - a_{i+1} \right| < T_1$。

道路中心线的具体提取过程如下。

(1)人工选取一系列种子点，作为道路中心线的初始顶点。

(2)运用动态规划求解使代价函数 E 达到最大值的折线段。在求解过程中，为了降低算法的计算复杂度，每个折线段顶点 p_i 仅在线段 $p_i p_{i+1}$ 的垂直方向上移动。

(3)利用线性插值在求解出的折线段上插入新的顶点。

(4)重复前两步的过程，直到折线段不再发生变化，将该折线段作为待提取的道路中心线。

2.4　实验与分析

2.4.1　种子点选取实验

为了测试算法对种子点位置的敏感性，分别选取不同位置的种子点，进行道路中心线提取实验，提取结果如图 2.6 所示。其中，蓝色点为种子点，红线为提取结果，图 2.6(a)的种子点选在道路中心处，图 2.6(b)~(d)的种子点选在道路边缘。

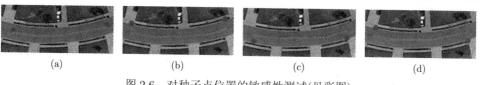

图 2.6　对种子点位置的敏感性测试(见彩图)

由图 2.6 可知，无论种子点位于道路边缘处还是道路中心处，算法都能准确提取道路中心线，对种子点的具体位置不敏感。

2.4.2　道路提取实验

为了验证本章算法的有效性，采用两幅不同道路类型的 GeoEye-1 影像进行道路提取实验，实验结果如图 2.7 所示。图 2.7(a)、(c)为道路概率分布图，图 2.7(b)、(d)为实验结果，图 2.7(b)为乡村道路影像，影像上有两种不同宽度的道路。图 2.7(d)为城镇道路影像，道路为 S 形曲线。其中，红线为提取的道路中心线，蓝色点为人工选取的种子点。

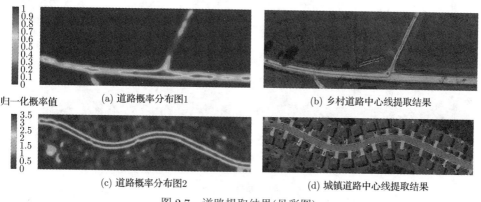

(a) 道路概率分布图1　　　　　　　(b) 乡村道路中心线提取结果

(c) 道路概率分布图2　　　　　　　(d) 城镇道路中心线提取结果

图 2.7　道路提取结果(见彩图)

由图 2.7(b)可知，本章算法能适应不同宽度的道路，提取道路中心线。在图 2.7(d)中，本章算法能够准确地拟合 S 形道路中心线，且只需提供 4 个种子点。因此，本章算法能够提取不同宽度、光谱特性的高分辨率遥感影像道路中心线，减少人工作业量。

由于高分辨率影像上的道路场景十分复杂，为了进一步测试算法的性能，利用两幅尺寸为 512×512 的 QuickBird 影像进行道路提取实验，结果如图 2.8 所示。图 2.8(a)中，道路场景复杂，路面上存在较多的树荫遮挡。在图 2.8(c)中，存在不同光谱特征的道路，并且道路宽度和曲率变化较大。图 2.8(b)、(d)为道路网提取结果，红色为提取的道路网，蓝色点为人工选取的种子点。

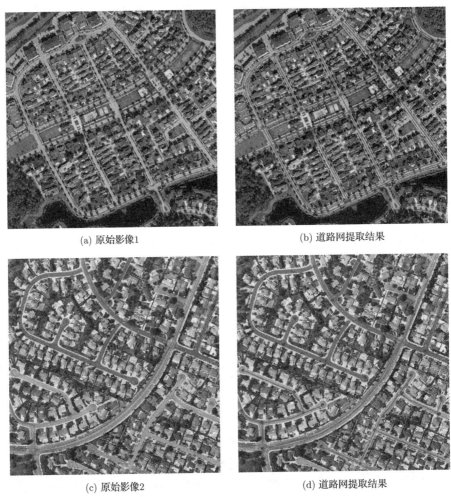

(a) 原始影像1　　　　　　　　　　　　　(b) 道路网提取结果

(c) 原始影像2　　　　　　　　　　　　　(d) 道路网提取结果

图 2.8　道路网提取实验(见彩图)

由图 2.8 可知，在人工选取一定种子点后，本章算法能够准确提取高分辨率影像道路网。在图 2.8(b)中，本章算法能够不受路面上树荫遮挡的影响，提取道路中心线。在图 2.8(d)中，本章算法能够拟合各种曲线道路，提取不同光谱特征的道路。

2.5　本 章 小 结

传统基于动态规划的道路提取算法直接根据原始影像上的道路特征定义代价函数，只能提取固定特征的简单道路，不适用于高分辨率遥感影像上的道路提取。

针对这一问题，本章结合支持向量机和核密度估计，提出了一种基于动态规划的高分辨率遥感影像道路中心线提取算法。实验表明，该算法能够准确拟合各种复杂曲线道路，能够同时处理不同光谱特征的道路，并对路面上的树荫、车辆等遮挡具有鲁棒性，在复杂自然场景中取得了良好的效果。但是，该算法采用半自动提取，为了较好地拟合道路中心线，需要较多的种子点。因此，该算法在自动化程度上仍有进一步提升的空间。

第3章　基于模板匹配的高分辨率遥感影像道路提取

3.1　引　　言

除了主动轮廓模型法，另一种较为实用的半自动道路提取算法是基于模板匹配的遥感影像道路提取方法。这类算法通常由人工提供道路模板，以相似度最大为准则匹配道路中心点，然后以追踪的方式进行道路提取。但是，传统基于模板匹配的道路提取算法主要采用相关系数作为相似性测度，因此对观测值粗差十分敏感，鲁棒性差，当路面上出现车辆或树荫等遮挡时会产生较大匹配误差或匹配失败，不适用于高分辨率遥感影像。为了解决这一问题，国内外学者尝试了各种方法。这些方法主要通过引入几何约束条件提高算法鲁棒性，或者通过运用神经网络、卡尔曼滤波及粒子滤波等方式优化匹配结果，取得了较好的效果，但是这些方法并没有从本质上解决模板匹配方法对路面遮挡敏感的问题(Zhou et al.，2006)。

本章设计一种基于均值漂移的道路中心点匹配算法，该算法采用一种鲁棒的相似性测度，首先通过均值漂移算法求解道路中心点的最佳匹配点，克服了传统模板匹配对路面遮挡敏感的缺点；然后运用卡尔曼滤波，结合道路先验信息和当前(匹配得到的)观测信息提取高分辨率遥感影像上的道路。

3.2　道路中心点匹配

基于均值漂移的道路中心点匹配算法采用一种对观测值粗差鲁棒的概率相似性测度，能够在目标区域内根据道路模板寻找相似度最大的点，作为道路中心点，对路面上的车辆、树荫等遮挡不敏感。

3.2.1　概率相似性测度

相关系数法简单准确，是模板匹配中最常用的相似性测度，但它对观测值中的粗差敏感，这导致很多基于模板匹配的道路提取算法鲁棒性差，对路面上的遮挡敏感。本算法采用概率相似性测度(Hu et al.，2004)，定义为：设样本点集 $I_x = \{x_i\}_{i=1}^n$ 和 $I_y = \{y_j\}_{j=1}^m$ 分别为构成目标 X 和 Y 的样本集，n 和 m 分别为样本集 I_x 和 I_y 中的样本个数，则 X 与 Y 的相似度为

$$J(I_x, I_y) = \frac{1}{m}\sum_{j=1}^{m}\hat{p}_x(y_j) = \frac{1}{mnh^d}\sum_{j=1}^{m}\sum_{i=1}^{n}K\left(\frac{y_j - x_i}{h}\right) \tag{3.1}$$

式中，$K(x)$ 为高斯核函数。

由式(3.1)可知，概率相似性测度的实质是根据式(2.34)计算样本集 I_y 中每一个样本点 y_i 在样本集 I_x 中的概率密度估计值，然后将其平均值作为目标 Y 与目标 X 的相似度，可直观地理解为计算目标 Y 是目标 X 的概率。概率相似性测度因为使用了核函数，所以能够有效限制观测值粗差的影响。

3.2.2　均值漂移

均值漂移最初由 Fukunaga 等在 1975 年研究概率密度函数的梯度估计时提出 (Fukunaga et al.，1975)。经过 30 多年的发展，均值漂移算法已被广泛应用于图像平滑、图像分割和目标追踪等领域。

1. 基本思想

假定 $x_i(i = 1,2,\cdots,n)$ 为 d 维空间 $\mathbf{R}^d$ 内的样本点，均值向量的基本形式为

$$M(x) = \frac{1}{k}\sum_{x_i \in S_h(x)}(x_i - x) \tag{3.2}$$

式中，$M(x)$ 表示在 x 处的均值漂移向量；$S_h(x)$ 表示以点 x 为中心、半径为 h 的球状区域；$x_i \in S_h(x)$ 表示落入区域 $S_h(x)$ 中的样本点；k 表示落入区域 $S_h(x)$ 中的样本个数。

均值漂移向量示意图如图 3.1 所示。

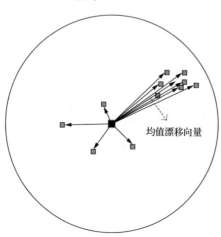

图 3.1　均值漂移向量示意图

在图 3.1 中，大方块表示均值漂移的起始位置 x，小方块表示样本点 x_i，实线箭头表示样本点 x_i 相对于起始点 x 的偏移向量 $x_i - x$，虚线箭头表示均值漂移向量 $M(x)$。观察图 3.1 可知，均值漂移向量指向样本点密集区域，也就是说均值漂移向量与概率密度梯度方向一致，指向概率密度函数递增的方向。

2. 均值漂移的改进

观察式(3.2)可知，对任何落入区域 $S_h(x)$ 的样本点 x_i，式(3.2)都给予相同的权重，即无论与 x 之间距离多远，它们对均值漂移向量 $M(x)$ 的影响都是同等的。但通常来说，离 x 越近的样本点越能反映 x 的统计特性。因此，Cheng 对均值漂移算法做了两点重要改进：首先在式(3.2)中引入核函数，使得样本点对均值偏移向量的影响随着其到起始点 x 的距离增大而减少；然后 Cheng 还引入了权重函数，赋予不同样本点不同的权重，使得均值漂移的适用范围大大扩充(Cheng，1995)。扩展后均值漂移的数学形式为

$$M(x) \equiv \frac{\sum_{i=1}^{n} G_H(x_i - x)w(x_i)(x_i - x)}{\sum_{i=1}^{n} G_H(x_i - x)w(x_i)} \tag{3.3}$$

式中，$w(x_i) \geqslant 0$ 为权重函数；$G_H(x_i - x)$ 为核函数，表达式为

$$G_H(x_i - x) = |H|^{-1/2} G\left(H^{-1/2}(x_i - x)\right) \tag{3.4}$$

式中，$G(x)$ 为单位核函数；H 为 $d \times d$ 的正定带宽矩阵。

在具体应用中，带宽矩阵通常为一个对角矩阵 $H = \mathrm{diag}\left[h_1^2, h_2^2, \cdots, h_d^2\right]$ 或者正比于单位矩阵，即 $H = h^2 I$。当带宽矩阵 $H = h^2 I$ 时，均值漂移向量可改写为

$$w(x_i) = 1 \tag{3.5}$$

而当

$$G(x) = \begin{cases} 1, & \|x\| < 1 \\ 0, & \|x\| \geqslant 1 \end{cases} \tag{3.6}$$

时，均值漂移向量式(3.3)则退化为式(3.2)。

3. 物理含义

给定 d 维空间内的 n 个样本点 $x_1, x_2, \cdots, x_n$，其概率密度函数 $f(x)$ 的核函数

估计为

$$\hat{f}(x) = \frac{\sum_{i=1}^{n} K\left(\dfrac{x_i - x}{h}\right) w(x_i)}{h^d \sum_{i=1}^{n} w(x_i)} \tag{3.7}$$

式中，$w(x_i) \geqslant 0$ 为样本点 x_i 的权重；$K(x)$ 为核函数。设 $K(x)$ 的剖面函数为 $k(x)$，则

$$K(x) = k\left(\|x\|^2\right) \tag{3.8}$$

令

$$g(x) = -k'(x) \tag{3.9}$$

同时设 $g(x)$ 对应的核函数为 $G(x)$，即 $G(x) = g\left(\|x\|^2\right)$。

概率密度估计函数 $\hat{f}(x)$ 的梯度 $\nabla \hat{f}(x)$ 为

$$\nabla \hat{f}(x) = \frac{2\sum_{i=1}^{n} (x - x_i) k'\left(\left\|\dfrac{x_i - x}{h}\right\|^2\right) w(x_i)}{h^{d+2} \sum_{i=1}^{n} w(x_i)} \tag{3.10}$$

因为 $g(x) = -k'(x)$，$G(x) = g\left(\|x\|^2\right)$，所以式(3.10)可改写为

$$
\begin{aligned}
\hat{\nabla} f(x) &= \frac{2\sum_{i=1}^{n} (x_i - x) g\left(\left\|\dfrac{x_i - x}{h}\right\|^2\right) w(x_i)}{h^{d+2} \sum_{i=1}^{n} w(x_i)} \\
&= \frac{2}{h^2} \left[\frac{\sum_{i=1}^{n} G\left(\dfrac{x_i - x}{h}\right) w(x_i)}{h^d \sum_{i=1}^{n} w(x_i)}\right] \left[\frac{\sum_{i=1}^{n} (x_i - x) G\left(\dfrac{x_i - x}{h}\right) w(x_i)}{\sum_{i=1}^{n} G\left(\dfrac{x_i - x}{h}\right) w(x_i)}\right] \\
&= \frac{2}{h^2} \hat{f}_G(x) M_h(x)
\end{aligned}
\tag{3.11}
$$

式中， $M_h(x)$ 为式(3.3)所对应的均值偏移向量； $\hat{f}_G(x)$ 为以 $G(x)$ 为核函数的概率密度估计函数。

因此，有

$$\hat{\nabla}f(x) = \hat{\nabla}f_k(x)\frac{2}{h^2}\hat{f}_G(x)M_h(x) \tag{3.12}$$

则

$$M_h(x) = \frac{2}{h^2}\frac{\hat{\nabla}f_k(x)}{\hat{f}_G(x)} \tag{3.13}$$

观察式(3.13)可知，均值漂移向量 $M_h(x)$ 正比于以 $K(x)$ 为核函数的概率密度估计函数的梯度，因此均值漂移向量总是指向概率密度函数增加最大的方向。

4. 均值漂移算法

均值漂移算法是一种迭代求解概率密度函数稳态点(局部极值点)的步长自适应梯度上升算法(Comaniciu et al., 2002)。设 d 维空间内存在 n 个样本点 $x_1, x_2, \cdots, x_n$，其对应的概率密度估计函数为 $\hat{f}(x)$，均值漂移算法分为以下三步：

(1)初始化 $i = 1$，根据式(3.3)计算 $M_h(y_i)$。

(2)赋值 $y_{i+1} = y_i + M_h(y_i)$。

(3)重复前两步，直至算法收敛。

由上述步骤可知，均值漂移算法的实质是让初始点 y_i 不断沿着概率密度梯度 $M_h(y_i)$ 的方向前进，最终到达概率密度的稳态点，即局部极值点。同时由式(3.13)可知，均值漂移步长还与 y_i 处的概率密度有关。当 y_i 处的概率密度较大时，表示点 y_i 比较靠近概率极值点，因此均值漂移步长较短；反之，步长则较大。当核函数满足一定条件时，算法一定收敛到概率密度的稳态点附近。

3.2.3 匹配过程

道路中心点匹配过程主要分为两步：首先，由人工提供道路模板和指定目标区域；然后，算法运用均值漂移算法迭代求解目标区域内与道路模板相似度最大的点，作为目标区域内的道路中心点。计算过程为：设 x_0 为道路模板的中心点坐标，y_0 为目标区域内的匹配初始点坐标，$I_x = \{x_i, u_i\}_{i=1}^n$ 为描述道路模板的样本集，$I_y = \{y_j, v_j\}_{j=1}^m$ 为描述目标区域的样本集，其中 x_i、u_i 表示道路模板内样本点的空间坐标和光谱信息，y_j、v_j 表示目标区域内样本点的空间坐标和光谱信息，

n 和 m 分别表示样本集 I_x 和 I_y 的样本个数。根据式(3.1)，目标区域内的匹配初始点与道路模板内中心点的相似度为

$$
\begin{aligned}
J(y_0) &= \frac{1}{m}\sum_{j=1}^{m}\hat{p}_{x_0}(y_j - y_0, v_j) \\
&= \frac{1}{mnh^d}\sum_{j=1}^{m}\sum_{i=1}^{n}K\left(\frac{(y_j - y_0) - (x_i - x_0)}{h}\right)W\left(\frac{v_j - u_i}{h}\right)
\end{aligned}
\tag{3.14}
$$

式中，$K(x)$ 和 $W(x)$ 都为高斯核函数。

匹配初始点与道路中心点的相似度函数定义为

$$
l(y_0) = \ln J(y_0) \tag{3.15}
$$

相似度函数 $l(y_0)$ 的极大值点 $\hat{y}_0$ 通过梯度上升算法迭代求解，具体为

$$
\nabla l(y_0) = \frac{\nabla J(y_0)}{J(y_0)} \tag{3.16}
$$

而

$$
\begin{aligned}
\nabla J(y_0) &= \frac{1}{mnh^d}\sum_{j=1}^{m}\sum_{i=1}^{n}W_{ij}\nabla K\left(\frac{\Delta y_j - \Delta x_i}{h}\right) \\
&= \frac{1}{mnh^{d+2}}\sum_{j=1}^{m}\sum_{i=1}^{n}(y_j - x_i + x_0 - y_0)W_{ij}K\left(\frac{\Delta y_j - \Delta x_i}{h}\right)
\end{aligned}
\tag{3.17}
$$

式中，$W_{ij} = W\left(\dfrac{v_j - u_i}{h}\right)$；$\Delta y_j = y_j - y_0$；$\Delta x_i = x_i - x_0$。于是

$$
\nabla L(y_0) = h^2\nabla l(y_0) = \frac{\displaystyle\sum_{j=1}^{m}\sum_{i=1}^{n}(y_j - x_i)W_{ij}K\left(\frac{\Delta y_j - \Delta x_i}{h}\right)}{\displaystyle\sum_{j=1}^{m}\sum_{i=1}^{n}W_{ij}K\left(\frac{\Delta y_j - \Delta x_i}{h}\right)} + x_0 - y_0 \tag{3.18}
$$

在梯度向量 $\nabla l(y_0)$ 的基础上乘以正数 h^2 不会改变向量的方向，因此用 $\nabla L(y_0)$ 取代 $\nabla l(y_0)$ 不会改变梯度上升算法的性质。迭代求解 $\hat{y}_0$ 的过程为

$$
y_{0_{j+1}} = y_{0_j} + \nabla L(y_{0_j}) \tag{3.19}
$$

式(3.18)中向量 $\nabla L(y_0)$ 和式(3.19)中向量 $\nabla L(y_{0_j})$ 便是式(3.3)定义的均值漂

移向量。前面已证明，当核函数的剖面函数为凸函数且严格单调递减时，均值漂移算法收敛。本算法使用高斯核函数，满足收敛条件，因此匹配初始点 y_0 必将收敛于目标区域内的相似度极大值点 $\hat{y}_0$。

基于均值漂移的道路中心点匹配算法根据式(3.19)在目标区域内移动初始点 y_0，最终使 y_0 收敛于目标区域内的相似度极大值点 $\hat{y}_0$，如图 3.2(a)和(b)所示。在图 3.2(a)中，红色框架是尺寸(像素)为 10×56 的道路模板，白色框架是尺寸(像素)为 10×80 的目标区域，绿色点为人工随机选取的匹配初始点，红色点为道路中心匹配结果点，黑线为初始点根据式(3.31)移动的路径。图 3.2(b)所示的曲面为相似度函数 $l(y_0)$。

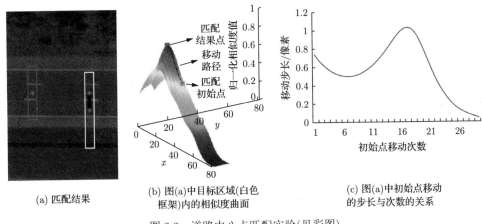

(a) 匹配结果　　(b) 图(a)中目标区域(白色框架)内的相似度曲面　　(c) 图(a)中初始点移动的步长与次数的关系

图 3.2　道路中心点匹配实验(见彩图)

在图 3.2(a)所示的道路中心点匹配过程中，初始点 y_0 移动的步长随移动次数的变化关系如图 3.2(c)所示。从图 3.2(c)可以看出，当移动次数小于 16 时，初始点距离道路中心点较远，移动步长较大，随着初始点不断靠近道路中心点(移动次数超过 16)，移动步长迅速递减并趋于零，即初始点 y_0 收敛于道路中心点。

3.3　基于卡尔曼滤波的道路中心线提取

基于均值漂移的道路中心点匹配算法根据道路模板信息和目标区域内的观测信息来匹配道路中心点，对路面上的车辆等遮挡具有鲁棒性，但没有考虑道路先验信息。因此，为了进一步提高算法性能，将道路中心点匹配算法与卡尔曼滤波结合，通过卡尔曼滤波的状态预测为道路中心点匹配算法提供初始点，而匹配得到的道路中心坐标则作为观测值代入卡尔曼滤波方程，迭代追踪道路中心线。道路中心线提取流程如图 3.3 所示。

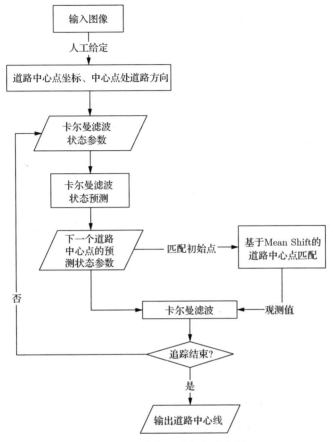

图 3.3　道路中心线提取流程图

3.3.1　卡尔曼滤波

卡尔曼滤波是由卡尔曼于 1960 年提出的一种高效率的递归滤波器，它由一系列递归数学方程表示，能够从不完全且包含噪声的观测数据中估计动态系统的过去、当前及未来的状态，并且使得估计误差最小(Harvey，1990)。随着计算机技术的进步，卡尔曼滤波被推广应用到各个领域，尤其是自主导航领域。

在卡尔曼滤波中，一个动态系统的变化过程可由状态方程表示，即

$$X_k = AX_{k-1} + Bu_{k-1} + w_{k-1} \tag{3.20}$$

式中，$X_k \in \mathbf{R}^n$ 为 k 时刻的状态向量；u_k 为控制函数；w_k 为系统误差。

设观测向量为 $Z_k \in \mathbf{R}^n$，则观测方程为

$$Z_k = HX_k + v_k \tag{3.21}$$

式中，v_k 为观测误差。通常假设 w_k 和 v_k 为相互独立的高斯白噪声，即

$$p(w) \sim N(0, Q) \tag{3.22}$$

$$p(v) \sim N(0, R) \tag{3.23}$$

在实际过程中，观测误差协方差矩阵 R 和系统误差协方差矩阵 Q 是可以随时间 k 变化而变化的。

设 $\overline{X}_k \in \mathbf{R}^n$ 为时刻 k 前对时间 k 的状态预测向量，$\hat{X}_k \in \mathbf{R}^n$ 为在已知观测向量 z_k 的前提下对时刻 k 处的状态向量的估计。那么，状态预测误差与状态估计误差为

$$\overline{e}_k = X_k - \overline{X}_k \tag{3.24}$$

$$e_k = X_k - \hat{X}_k \tag{3.25}$$

预测误差的协方差为

$$\overline{p}(\overline{e}_k) = E(\overline{e}_k \overline{e}_k^{\mathrm{T}}) \tag{3.26}$$

估计误差的协方差为

$$p(e_k) = E(e_k e_k^{\mathrm{T}}) \tag{3.27}$$

利用卡尔曼滤波估计状态向量的表达式为

$$\hat{X}_k = \overline{X}_k + K(Z_k - H\overline{X}_k) \tag{3.28}$$

式中，K 为卡尔曼滤波增益；$Z_k - H\overline{X}_k$ 称为残余。残余反映了观测值与预测值之间的不一致，当它为零时，说明观测值与预测值完全相符。K 的表达式为

$$K = \overline{P}_k H^{\mathrm{T}} (H\overline{P}_k H^{\mathrm{T}} + R)^{-1} \tag{3.29}$$

观察式(3.41)可知，观测误差的协方差矩阵 R 越小，则增益 K 越大，那么观测向量 Z_k 的权重将越来越大；同时，预测误差的协方差矩阵 Q 越小，则增益 K 越小，那么观测向量 Z_k 的权重将越来越小。

3.3.2 道路中心线提取

本章的卡尔曼滤波状态参数由道路方向 ϕ_k 和道路中心坐标 (x_k, y_k) 组成。在状

态预测过程中，k 处的状态预测向量由 $k-1$ 处的状态估计值向量通过状态方程得到。状态方程为

$$\overline{X}_k = \begin{bmatrix} \overline{x}_k \\ \overline{y}_k \\ \overline{\phi}_k \end{bmatrix} = \begin{bmatrix} \overline{x}_{k-1} + \Delta t \cos(\overline{\phi}_{k-1}) \\ \overline{y}_{k-1} + \Delta t \sin(\overline{\phi}_{k-1}) \\ \overline{\phi}_{k-1} \end{bmatrix} \tag{3.30}$$

由式(3.30)可知，状态预测过程不是线性过程，需要使用扩展卡尔曼滤波 (Seung et al.，2010)。状态预测向量的协方差矩阵为

$$\overline{P}_k = \Phi_k P_{k-1} \Phi_k^{\mathrm{T}} + Q_k \tag{3.31}$$

式中，Φ_k 表示状态方程线性化后的系数矩阵；Q_k 表示系统噪声的协方差矩阵。

在状态预测之后，使用道路中心点匹配算法获取观测值，即

$$Z_k = \begin{bmatrix} x_k \\ y_k \\ \phi_k \end{bmatrix} \tag{3.32}$$

式中，ϕ_k 表示在坐标 (x_k, y_k) 处的道路方向，由道路中心坐标观测值和上一状态的道路中心坐标估计值计算得到。观测方程为

$$Z_k = AX_k = \begin{bmatrix} 1 & 0 & 0 \\ 0 & 1 & 0 \\ 0 & 0 & 1 \end{bmatrix} X_k \tag{3.33}$$

那么，k 处的状态估计向量为

$$\hat{X}_k = \overline{X}_k + K_k(Z_k - A\overline{X}_k) \tag{3.34}$$

系统误差协方差矩阵 Q 和观测误差协方差矩阵 R 在卡尔曼滤波中发挥着重要作用。在本章道路提取算法中，系统误差主要与待提取道路的曲率相关，因而系统误差协方差矩阵 Q 应视道路实际曲率而定。对于观测误差协方差矩阵 R，采用的策略为：在匹配到一个道路中心点之后，算法将根据式(3.14)计算匹配点与道路模板的相似度，然后根据相似度大小实时确定 R，同时道路中心线必须为光滑曲线，因此当观测值中的道路方向与上一状态中的道路方向的差值超过阈值时，增大 R。

最后，根据式(3.30)~式(3.34)迭代追踪道路中心点，实现高分辨率遥感影像

上的道路提取。

3.4　实验与分析

本节设计了三组实验：第一组实验测试本章中的道路中心点匹配算法的性能；第二组实验验证卡尔曼滤波的优化作用；第三组实验为高分辨率遥感影像道路中心线提取实验。

3.4.1　道路中心点匹配实验

为了测试基于均值漂移的道路中心点匹配算法对车辆、树荫等遮挡的鲁棒性，本小节在各种存在遮挡的道路场景中进行单个道路中心点匹配实验。实验过程分为两步：首先由人工给定道路中心点模板和一个匹配初始点；然后算法在以初始点为中心的目标区域内匹配道路中心点。实验结果如图3.4所示。在图3.4中，道路模板用红色框架表示，道路中心匹配结果点用红色点表示，匹配初始点用绿色点表示，目标区域用白色框架表示。

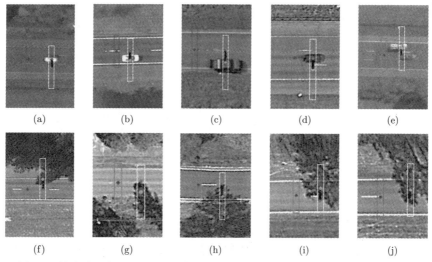

图3.4　单个道路中心点匹配结果(道路中心匹配结果点用红色点表示)(见彩图)

由图3.4(a)～(e)可以看出，基于均值漂移的道路中心点匹配算法对车辆遮挡具有很强的鲁棒性。当道路存在小面积树荫遮挡时，本章的道路中心点匹配算法能够准确匹配出道路中心点，如图3.4(f)～(h)所示。但是，当道路存在大面积树荫遮挡时，道路中心点匹配算法出现误匹配，产生较大的匹配误差，如图3.4(i)、(j)所示。对于这些误匹配点，算法将在后续部分使用卡尔曼滤波对其进行修正。

　　另外，本小节还对基于均值漂移的道路中心点匹配算法与经典相关系数模板匹配算法进行对比实验。实验中，使用同一模板，分别利用两种匹配算法对一幅路面上存在汽车的遥感影像进行道路中心线追踪。具体实验过程为：首先，以道路中心线上一点为中心定义模板窗口，并将这一点作为道路中心线追踪的起始点；然后，根据起始点和道路方向预测下个道路中心点的初始位置；接着，在道路中心点初始位置运用匹配算法匹配道路中心点，并利用匹配得到的道路中心点继续预测下个道路中心点的初始位置；最后，重复前述过程，提取道路中心线。红色框架为道路中心点模板，实验结果如图 3.5 所示。

(a) 相关系数匹配的追踪结果　　　　　　(b) 基于均值漂移的道路中心点匹配的追踪结果

图 3.5　基于均值漂移的道路中心点匹配与相关系数匹配的对比实验(见彩图)

　　由图 3.5(b)可知，利用本章的道路中心点匹配算法能够准确提取道路中心线，对车辆遮挡具有鲁棒性。对比图 3.5(a)可知，两种匹配算法在没有车辆遮挡的路段上都能准确匹配出道路中心点，但当路面出现车辆时，相关系数匹配受车辆的影响会产生较大的匹配误差。基于均值漂移的道路中心点匹配算法能够排除车辆的影响，准确匹配道路中心点。

3.4.2　卡尔曼滤波优化实验

　　本实验的目的是验证卡尔曼滤波对道路中心点匹配算法的优化作用。具体实验过程为：①单独利用基于均值漂移的道路中心点匹配算法对两幅存在树荫遮挡的道路影像进行中心线追踪；②将基于均值漂移的道路中心点匹配算法与卡尔曼滤波结合对同样两幅影像进行道路中心线追踪。本章使用中心线提取的位置偏差作为精度衡量指标，道路中心线提取和精度统计结果分别如图 3.6 和表 3.1 所示。

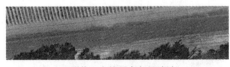
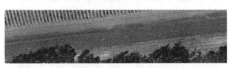

(a) 影像1(未使用卡尔曼滤波)　　　　　　(b) 影像1(使用卡尔曼滤波)

(c) 影像2(未使用卡尔曼滤波)　　　　　　(d) 影像2(使用卡尔曼滤波)

图 3.6　卡尔曼滤波优化实验(见彩图)

表 3.1　道路中心线提取的精度统计结果　（单位：像素）

影像名称	统计点数	最大位置偏差	平均位置偏差	位置偏差中的误差
a		10	1.7	2.9
b	50	3	1.1	0.8
c		6	2.3	1.7
d	42	4	1.0	0.9

由图 3.6(a)可知，仅使用道路中心点匹配算法提取的道路中心线在树荫遮挡路段明显偏离了实际道路中心线，存在较大匹配误差；图 3.6(b)中，在原有道路中心点匹配算法基础上结合卡尔曼滤波，修正了在树荫遮挡路段的误匹配。图 3.6(c)中，仅使用道路中心点匹配算法提取的道路中心线受大面积树荫的影响出现一定的波动；图 3.6(d)中，结合卡尔曼滤波后算法有效地排除了树荫的影响。由表 3.1 可知，在结合卡尔曼滤波后道路中心线的提取精度得到显著提高。

由本实验可知，卡尔曼滤波能够有效地修正由道路中心点匹配算法产生的误匹配，提高道路中心线追踪的鲁棒性和精度。

3.4.3　道路中心线提取实验

本小节选取路面上存在车辆、树荫等遮挡的遥感影像对算法进行道路提取实验。实验道路分为高速公路和乡村道路，其中高速公路上存在大量的车辆和树荫遮挡，在乡村道路上存在树枝遮挡。实验中，需由人工选定道路模板和指定道路初始方向，提取结果如图 3.7 中红线所示。

(a) 高速公路中心线提取实验

(b) 乡村道路中心线提取实验

图 3.7　道路中心线提取实验(见彩图)

由图 3.7 可知，无论是高速公路还是乡村道路，本章的道路中心线提取方法都能够排除车辆、树荫等遮挡的影响，提取道路中心线。因此，本章所提出的道路中心线提取方法是一种鲁棒的道路提取算法。

　　为了进一步测试算法的性能，本小节利用尺寸(像素)为 2428×2504 的影像进行道路中心线追踪实验。影像中有两条相交的道路，总长约为 3km，路面上存在较多车辆、树荫遮挡。实验采用人机交互的方式，由人工输入一系列种子点，算法以第一个种子点为起始点，根据当前种子点和下一个种子点计算道路初始方向，提取至下一个种子点时更换道路中心点模板，如图 3.8 所示。图 3.8(c) 中的红色框架为道路中心点模板。

(a) 道路中心线追踪结果

(b) 受车辆、树阴遮挡的道路提取效果

(c) 道路分岔口处的提取效果

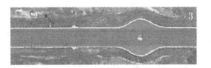

(d) 宽度发生突变时的道路提取效果

图 3.8　道路中心线追踪实验(见彩图)

　　本实验中，人工共输入 6 个种子点，算法共提取 1283 个道路中心点，提取的道路中心点的最大位置偏差为 4 像素，平均位置偏差为 1.0 像素，位置偏差的中误差为 0.8 像素，如图 3.8 所示。由图 3.8(b) 可知，本章提出的道路追踪算法能够排除车辆、树荫的干扰，提取道路中心线。当道路一侧出现分岔口时，算法能够不受分岔口影响，继续按原先道路方向追踪，而当道路 A 追踪完毕后，再由人工重新输入种子点，更换模板，追踪道路 B，如图 3.8(c) 所示。由于本章算法采用卡尔曼滤波并且结合道路先验信息，因此能够适应道路宽度发生短暂变化的情况，如图 3.8(d) 所示。

3.5　本章小结

　　本章提出了一种基于均值漂移和卡尔曼滤波的高分辨率遥感影像道路中心线提取算法。该算法是一种对路面上车辆、树荫等遮挡鲁棒的模板匹配方法。首先利用概率相似性测度和均值漂移算法设计了一种鲁棒的道路中心点匹配算法，取代了传统追踪算法中常用的相关系数匹配；然后结合卡尔曼滤波实现道路中心线的追踪。实验结果表明，该方法能够排除车辆、树荫遮挡的影响，并能适应道路一侧存在分岔口的情况，对高分辨率遥感影像取得了较好的效果。但是，该方法目前只适用于道路与周围环境存在明显反差的遥感影像，对道路形态的一致性有一定的要求，同时需要人工提供道路中心点模板且每次只能提取模板所在的道路。因此，下一步将研究模板的自动选取和更新。

第4章　道路网提取的基本方法与技术框架

　　针对目前高分辨率影像道路网提取中存在的问题，本章综合利用道路网在高分辨率影像上的特征构建道路网提取模型，并依据此模型设计基于交叉口检测的道路网提取方法。方法的处理过程包括道路交叉口概略位置检测、道路交叉口准确位置检测、交叉口之间道路段连接、道路网构建等步骤。本章将详细介绍道路网模型构建过程及道路网提取基本方法与技术流程，为后续内容介绍起到提纲挈领的作用。

4.1　高分辨率遥感影像道路网模型构建

　　中低分辨率遥感影像上道路目标具有明显的线状特征，道路地物包含的特征信息量少。高分辨率遥感影像在表现地物细节方面的能力远高于中低分辨率影像，影像上不同地物特征明显，细节信息丰富，道路在影像上表现为具有一定宽度的带状地物特征，道路特征具体表现如图 4.1 所示。

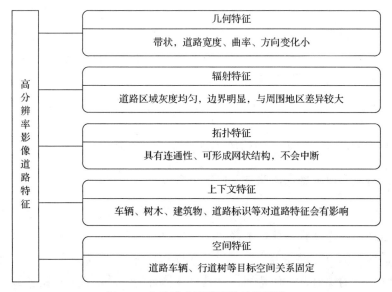

图 4.1　高分辨率影像道路特征描述

　　由道路拓扑特征可知，道路具有连通性，在一定区域范围内，相互连通的道路光谱特征基本保持一致，具有连通性的道路可形成网状结构。因此，道路网可定义为一定区域中具有连通性的道路段集合，连接若干道路段的结点称为道路交叉口，结点之间的连线称为道路段。本章根据拓扑结构特征将道路网视为由道路交叉口与交叉口之间道路段组成的具有特定拓扑关系的网状结构对象。高分辨率遥感影像上理想道路网模型示意图如图 4.2 所示。

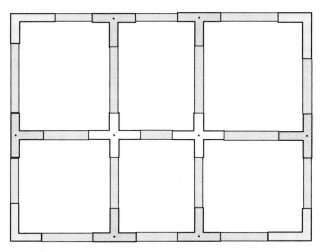

图 4.2　高分辨率遥感影像上理想道路网模型示意图

　　道路网由三部分构成：道路交叉口、交叉口之间道路段、拓扑结构表。道路交叉口是道路网中起连接作用的结点对象，按照其道路分支个数可将其分为 L 形交叉口、T 形交叉口、X 形交叉口及其他类型交叉口。T 形交叉口、X 形交叉口是作业中最常见的类型，即俗称的丁字形路口或十字形路口，本章重点对这两种类型交叉口进行讨论。交叉口之间道路段是道路网的重要组成部分，可将交叉口连接成道路网。交叉口之间道路段是道路网中的重要属性信息，其记录了道路网中交叉口结点的位置、道路段的位置及其连接关系。

4.1.1　高分辨率遥感影像道路交叉口表示方法

　　中低分辨率遥感影像上交叉口可用线状道路的交点表示，在高分辨率遥感影像上，道路呈现为带状特征，道路交叉口表现为具有特定形状的面对象。道路交叉口连接着不同方向道路分支，是重要的地物目标，高分辨率遥感影像上交叉口既有道路共有的辐射、几何特征，又具有其特有的性质。从光谱特征看，道路交叉口区域与其他区域道路具有相同的灰度、纹理特征；从几何特征看，其几何形状与直线段道路明显不同，道路交叉口的几何分支数目一般为 3 个或 4 个，从视觉效果看，其几何形状表现为丁字形或十字形。根据高分辨率遥感影像上道路交叉口的这种特点，可用具有面对象特征的同质区域对其进行描述。

交叉口同质区域是被交叉口区域道路边界包围的像素集合，通常情况下，道路同质区域的色调基本保持一致，纹理特征均匀，与其他地物差别明显。交叉口同质区域通过道路边界与周围地物进行区分，道路边界在影像上具有明显的几何、光谱特征。从几何特征看，道路边界反映了道路交叉口基本轮廓形状；从光谱特征看，道路边界是从道路过渡为其他地物的分界线，通过目视观察可以明显看出到边界位置，其梯度变化较大。

交叉口同质区域由两部分构成：边界轮廓与中心点。同质区域边界轮廓可用来表示交叉口对象的几何形状特征，被边界轮廓包围的像素集合反映了交叉口区域内路面光谱特征，同质区域中心点表示交叉口的空间位置。因此，利用交叉口同质区域对道路交叉口进行表示可满足影像上交叉口辐射和几何特征，同时还包含了交叉口空间信息，从理论上讲，这种模型构建方法是合理的。遥感影像上不同类型交叉口同质区域示意图如图 4.3 所示。

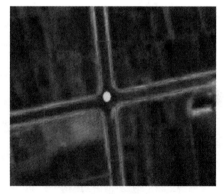

(a) 丁字形道路交叉口同质区域示意图　　　　　　(b) 十字形道路交叉口同质区域示意图

图 4.3　高分辨率遥感影像不同类型交叉口同质区域示意图

4.1.2　高分辨率遥感影像道路段特征

构建道路网过程中需要将交叉口之间路段进行连接。道路段连接是指沿道路方向搜索符合道路特征的道路节点，然后将节点拟合成道路曲线，其本质是搜索高分辨率影像道路节点。道路段在高分辨率遥感影像上表现为明显的条带状特征，其视觉特征可归纳为表 4.1。

表 4.1　遥感影像道路段特征总结

道路特征	特征描述
光谱特征	理想情况下道路段路面辐射均匀，色调一致，但在真实影像中由于路面场景复杂，干扰因素较多，道路光谱特征经常会发生局部变化
几何特征	高分辨率影像上的道路几何特征明显，同一道路段宽度保持不变，且在一定区域内，道路曲率变化较小
边界特征	高分辨率影像道路与周围地物存在明显的双边界，道路边界处梯度特征变化较大
干扰因素特征	高分辨率影像路面场景覆盖范围广，路面常会被车辆、树木、阴影等遮挡，破坏了路面原始特征，这些干扰因素是道路段提取中不可忽视的内容

4.1.3　高分辨率遥感影像道路网拓扑结构表示方法

　　道路网拓扑结构是地理信息中至关重要的内容，可为地理信息系统中信息查询、路径规划、实时定位等服务提供数据支持，尤其对于导航应用中最短路径规划及搜索算法，道路网拓扑结构是核心和关键。根据地图制图学理论，道路网结构可由顶点及连接顶点之间的线组成，每一路段可用首尾两个顶点、一条线段表示，如图 4.4 所示。

图 4.4　道路段结构示意图

　　道路网拓扑结构主要利用顶点与线表示道路之间的连通性(Sun et al.，2008)，据此设计的道路网拓扑结构包括道路顶点结构表与道路段结构表，顶点结构表存放道路段的顶点编号、顶点经纬度、与顶点相连的路段个数及编号；道路段结构表存放路段编号、路段首尾顶点编号、路段长度、路段曲线坐标属性信息，如表 4.2 和表 4.3 所示。

表 4.2　道路网顶点结构表

关键词	含义
VertexID	顶点编号
VertexLong	顶点经度
VertexLat	顶点纬度
VertexLineNum	与顶点相连路段个数
VertexLineID	与顶点相连路段编号

表 4.3　道路网路段结构表

关键词	含义
RoadID	路段编号
RoadStartVertexID	路段首顶点编号
RoadEndVertexID	路段尾顶点编号
RoadLength	路段长度
RoadLine	路段曲线

4.2　高分辨率遥感影像道路网提取基本方法

　　从目前道路网提取研究进展看，完全由计算机自动识别道路具有很大难度，而且在可预见的未来自动提取道路也很难实现，利用人机交互方法即交互式道路提取是目前常用的方法，可以发挥目视解译与计算机处理各自的优势。本节在构建道路网模型基础上，设计基于道路交叉口的交互式高分辨率遥感影像道路网提取方法。该提取方法总体思想是：首先提取影像交叉口位置并识别交叉口类型；然后沿交叉口道路分支方向搜索道路段节点并拟合道路段曲线，在此过程中完成道路网拓扑结构构建及组网；最后通过后处理方法对道路网进行修整并获得最终的提取结果。提取方法的核心是交叉口检测、道路段节点搜索和道路网拓扑结构构建。本节重点对这三个内容进行研究，根据交叉口对象的特征设计基于语义规则的交叉口提取方法，同时为了提供搜索效率，利用可变形部件模型提取交叉口候选区域。对于道路段提取方法，以路面方向纹理特征与视觉特征为计算的基础数据，分别针对场景中无干扰因素及存在干扰因素两种情况设计提取策略，最后利用最小二乘匹配方法对道路节点进行插值并拟合道路曲线。提取过程中各关键技术如下。

1)基于可变形部件模型的道路交叉口概略位置获取

本章对交叉口提取时采用"先粗后精"的思想进行处理。首先利用一定方法获取交叉口概略位置，然后对交叉口准确位置及属性进行检测识别。这样处理的目的是提高处理效率，降低交叉口精提取时像素同质区域的计算次数。道路交叉口几何形状特征明显，不同类型的交叉口分支个数及其位置关系基本固定。道路交叉口这种形状特征与可变形部件模型的构建思想相符，因此可将交叉口视为由道路分支及分支交点组成的可变形部件模型，并利用可变形部件模型理论方法对交叉口位置进行检测。通过交叉口模型构建、样本训练、匹配搜索等步骤完成交叉口概略位置的提取，为道路交叉口位置精确提取提供准备。

2)基于语义规则的遥感影像道路交叉口准确位置获取

为了获取影像交叉口准确位置并识别交叉口类型，本章提取交叉口时将其作为由同质区域及其边界构成的面对象进行处理。首先综合利用道路交叉口同质区域辐射纹理特征及几何特征对道路交叉口进行描述，并制定相应语义规则。通过光谱特征语义匹配与几何特征语义匹配提取准确的交叉口位置，然后利用同质区域边界像素至中心点像素距离函数识别交叉口类型，完成交叉口的提取任务，为后续道路匹配搜索提供初始节点信息。

3)道路交叉口之间的路径搜索算法

构建影像道路网需对交叉口之间的道路段进行连接，道路段连接的本质是交叉口之间道路节点的搜索与节点之间的曲线拟合。针对交叉口间路径搜索问题，本章利用路面方向纹理特征及视觉特征设计搜索算法，通过计算最优方向纹理特征值确定道路方向并更新道路节点。在搜索过程中考虑路面干扰因素的影响，通过对不同干扰因素的视觉显著性值进行定量分析达到区分干扰因素的目的。针对车辆、阴影干扰分别采取相应处理策略，提高提取算法的可靠性。为了将道路段节点拟合为光滑曲线的方法，利用最小二乘匹配和三次样条函数将离散道路段节点拟合为连续曲线。

4)道路网构建及后处理技术

在明确交叉口获取方法及交叉口间路径搜索方法后，需采用一定策略构建整幅影像道路网。本章构建道路网时采用并行处理的思想，同时沿多个交叉口道路分支方向进行路径搜索，搜索过程中将交叉口位置关系及道路段连接关系存入拓扑结构表中，搜索完毕后利用后处理技术对道路网进行修整，获得最终的提取结果。

4.3　高分辨率遥感影像道路网提取技术框架

根据以上提取方法设计的道路网提取技术框架如图 4.5 所示。

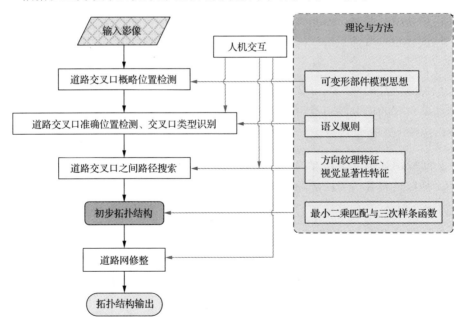

图 4.5　高分辨率遥感影像道路网提取技术框架示意图

为了保证精度，道路网提取算法计算过程中需通过人机交互方式初始化道路交叉口与道路特征信息，计算步骤中共有四处需要人工干预：①利用语义规则提取交叉口准确位置时，需根据场景复杂度人工选取若干交叉口种子点，通过统计种子点区域辐射、纹理特征生成道路交叉口特征模板；②道路交叉口之间路径搜索时，为了构建适合道路宽度的方向纹理矩形，通过目视方法在道路上选择位置比较理想的种子点，然后利用道路边界梯度信息计算道路宽度；③在对干扰因素视觉特征进行计算时，需手动标注不同类型地物并计算其显著性特征，以达到区分不同地物的目的；④在道路网后处理中，道路段连接算法针对场景异常复杂的情况会出现连接失败现象，因此在后处理阶段也需要适当的人工干预对道路网进行修整，以保证道路网的连通性。

根据道路网提取技术框架设计的道路网提取系统各功能模块构架示意图如图 4.6 所示。

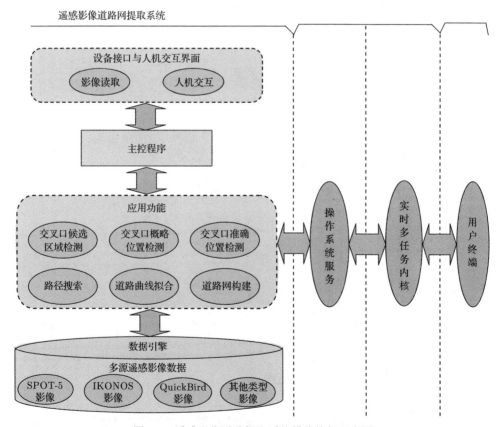

图 4.6　遥感影像道路提取系统模块构架示意图

遥感影像道路网提取系统可处理多源高分辨率遥感影像数据(全色、多光谱)，在用户终端通过数据引擎读取多源遥感影像，通过设备接口与人机交互界面获取初始道路信息，然后在主控程序中运行道路网提取各模块，提取结果反馈给用户进行评估。

4.4 本 章 小 结

本章内容是道路网提取方法的理论基础，目的是针对高分辨率遥感影像道路网特征构建合理的道路网提取模型，并以此模型为基础设计高分辨率遥感影像道路网提取方法。本章围绕道路网在高分辨率影像上呈现的特征展开研究，在分析道路网及道路段各自不同视觉特征基础上构建了高分辨率影像道路网提取模型。将道路网视为由道路交叉口、交叉口间道路段、道路网拓扑关系三部分构成的结构模型。分别对道路网模型三个组成部分特征进行描述，分别介绍了道路网提取中的关键技术与方法，并设计了相应的提取技术框架，为后续详细介绍各提取技术做铺垫。

第5章　基于可变形部件模型的道路
交叉口概略位置获取

道路交叉口是道路网拓扑结构的重要组成部分，是地理信息中重要的目标之一。如果用图论的概念表示道路网，那么交叉口代表图中的顶点，连接顶点之间的连线代表图中的边，构建道路网拓扑结构的重要步骤是根据道路交叉口的类型与道路连接情况获取组成道路网的顶点与边。如何在影像上检测道路交叉口是道路网构建与提取中的关键技术。准确地对交叉口进行定位可为道路网连接提供起始点与终止点，道路交叉口分支方向还可为道路搜索提供初始方向。本章重点研究交叉口概略位置计算方法，目的是为后续利用语义规则进行交叉口同质区域提取提供初始搜索位置，从而提高搜索效率。

不同类型交叉口几何形状特征具有明显差异。本章引入可变形部件模型(deformable part models, DPM)思想，充分利用道路交叉口目标的形状、边界特征构建不同类型交叉口模型，将道路交叉口视为不同部件组成的可变形部件模型，通过道路特征提取、样本训练学习、模型参数计算、目标搜索与检测等步骤完成交叉口目标概略定位，为下一步准确提取交叉口提供初始条件。

5.1　基于可变形部件模型的目标检测

5.1.1　可变形部件模型

可变形部件模型是一种目标识别的新方法，最早由 Felzenszwalb 等学者在国际 PASCAL VOC 目标识别竞赛中使用(Felzenszwalb et al., 2007; Felzenszwalb et al., 2010)。目前常用的目标检测与识别算法分为两大类：基于滑动窗口的方法(Desai et al., 2009)与基于图像分割的方法(Blaschko et al., 2008)。基于滑动窗口的方法是一种穷举搜索算法，其将目标识别过程转换为样本训练、分类识别问题，通过判断矩形滑动窗口下区域是否为待识别对象进行搜索。这种方法首先利用各种机器学习分类模型对样本进行训练，获取样本的特征学习参数；然后利用学习参数指导分类，为了检测大小不同的目标，需要针对图像不同分辨率层级进行处理。基于图像分割的方法首先将影像分为若干区域，对这些区域进行特征提取，获取色调、纹理、几何特征；然后分别对分割区域进行检测；最后利用区域之间的空间关系对检测目标区域进行联合，从而获取最终的目标区域。

基于可变形部件模型的目标检测方法属于基于滑动窗口的搜索方法，算法通过对整幅影像遍历搜索检测矩形模板区域覆盖下影像是否为目标对象类别。可变形部件模型将目标视为若干个零件的组合，这些零件称为组成模型的部件。整个模型分为两部分：覆盖整个目标的轮廓区域(根)与组成目标的各个部件区域(部件)。例如，对于人体目标检测，根表示人体整个轮廓所占区域，部件表示头、身体、胳膊、腿等各个部件所占区域。为了检测根与部件的位置，分别利用根滤波器与部件滤波器对影像进行搜索，根滤波器搜索结果是目标的整体轮廓区域位置，部件滤波器搜索结果是组成目标各个部件的区域位置。

基于可变形部件模型的目标检测方法不是对原始影像进行处理，而是采用对不同尺度影像特征映射图进行处理的思想，因此比遍历搜索方法效率高。首先对影像不同金字塔进行特征提取，获取不同尺度影像特征映射图，利用滤波器对影像特征映射图进行滤波处理，将全局函数得分最高的区域作为目标对象区域。滤波器处理的层级与滤波器的类型相关，为了更好地描述部件细节特征，部件滤波器处理的影像金字塔层级是根滤波器的两倍。

特征映射图是一个二维矩阵，用 G 表示，矩阵中每个元素表示相应原始影像上一个局部区域，用 d 维向量表示；特征图 G 上某一像素(x,y)经过滤波器处理后其得分值是该像素邻域子窗口与滤波器模板的点积，即 $\sum\limits_{x',y'} F[x',y'] \cdot G[x+x',y+y']$。滤波器的得分越高，则该滤波器覆盖区域越有可能成为目标对象区域。

构建影像特征金字塔的目的是描述影像上不同尺度的目标特征，充分利用目标在不同尺度、不同金字塔层级上表现的特征来匹配搜索目标区域。金字塔层级越低，反映的影像特征与目标细节信息特征越详细，层级越高，则越能反映目标是轮廓特征。使用特征金字塔对影像特征进行描述，用其表示固定序列上有限尺度的特征映射图。实际运算中，首先对影像进行重复平滑处理和降采样处理来构建影像金字塔，然后计算每一级金字塔影像特征映射图。特征金字塔中的尺度采样取决于参数 λ，λ 决定了影像金字塔的层数，尺度空间的选择对于模型的构建有重要作用。

其中部件滤波器所在特征映射图空间分辨率为根滤波器的两倍，因此能更好体现目标的细节信息特征。实验表明，利用高分辨率影像特征描述部件滤波器对于目标的检测有重要影响。根滤波器可以获取目标的轮廓边界，而部件滤波器可以获取目标细节信息。若 F 是大小为 $w \times h$ 的滤波器，H 表示特征金字塔，$p = (x,y,l)$ 表示第 l 层金字塔上像素位置(x,y)，$\phi(H,p,w,h)$ 表示以 p 为左上角的 $w \times h$ 子窗口内的特征向量组成的矢量，则模型滤波器的响应值为 $F' \cdot \phi(H,p,w,h)$。由于滤波器模板的大小已经定义，因此其可以简写为 $F' \cdot \phi(H, p)$。模型滤波器响应值越高，则模板覆盖区域越有可能成为目标对象。

一个包含 n 个部件的目标可以用具有 $n+2$ 个参数的数组表示，即 $(F_0, P_1, \cdots, P_n, b)$，其中 F_0 是根滤波器，P_i 是第 i 个部件模型，b 是偏移量。每个部件模型用包含三个参数的数组表示，即 (F_i, v_i, d_i)，其中，F_i 表示第 i 个部件的滤波器，v_i 表示目标第 i 个部件相对于根的标准位置，d_i 是一个四维向量，表示二元方程式的系数，其用于描述部件实际位置与标准位置之间存在偏移而产生的变形成本。

假设在特征金字塔中模型每个滤波器的位置用 $z = (p_0, p_1, \cdots, p_n)$ 表示，$p_i = (x_i, y_i, l_i)$ 是第 i 个滤波器所在的特征金字塔级数和位置，其中计算部件滤波器的影像空间分辨率为根滤波器的两倍，$l_i = l_0 - \lambda$。由于目标模型由根与若干部件构成，因此根与部件的位置直接影响目标的区域位置，在进行目标搜索时，目标全局函数响应应该由根滤波器响应与部件滤波器响应共同决定；此外，各个部件的实际位置与其相对于根的标准位置有变形，变形越大，则其偏移标准位置越远，因此在计算目标全局函数响应时，应当考虑变形成本对目标位置的影响。

搜索过程中目标全局函数的总得分是由每个位置滤波器的得分和减去变形成本再加上偏移量计算得到的，即

$$\text{score}(p_0, p_1, \cdots, p_n) = \sum_{i=0}^{n} F'_i \cdot \phi(H, p_i) - \sum_{i=1}^{n} d_i \cdot \phi_d(dx_i, dy_i) + b \quad (5.1)$$

式中，$(dx_i, dy_i) = (x_i, y_i) - (2(x_0, y_0) + v_i)$，表示第 i 个部件相对于标准位置的偏移大小；$\phi_d(dx, dy) = (dx, dy, dx^2, dy^2)$ 为变形特征，如果 $d_i = (0, 0, 1, 1)$，那么第 i 个部件的变形成本为实际位置相对标准位置距离的平方和。一般情况下，变形成本为变形距离参数的二次随机可分函数。引入偏移参数 b 的目的是构建混合模型时使多个模型之间具有可比性。

为了对式(5.1)进行简化，可以用模型参数向量 β 与影像特征向量 $\psi(H, z)$ 点积 $\beta \cdot \psi(H, z)$ 表示全局响应函数 $z = (p_0, p_1, \cdots, p_n)$，其中

$$\beta = (F'_0, F'_1, \cdots, F'_n, d_1, d_2, \cdots, d_n, b) \quad (5.2)$$

$$\psi(H, z) = (\phi(H, p_0), \cdots, \phi(H, p_n), -\phi_d(dx_1, dy_1), \cdots, -\phi_d(dx_n, dy_n), 1) \quad (5.3)$$

式(5.2)和式(5.3)表明了模型与线性分类器之间的关系，可以使用这种关系将模型与分类器进行结合，通过分类器学习得到模型参数。

5.1.2　单个模型目标的匹配搜索

通过分类器学习得到的模型参数可以用来检测影像中的目标，目标检测的基本

原理是利用滤波器模板对影像不同位置窗口进行遍历操作，若根滤波器所处的位置为 p_0，则各部件滤波器的最优位置是使得目标位置全局函数得分最大的位置：

$$\text{score}(p_0) = \max_{p_0,p_1,\cdots,p_n} \text{score}(p_0, p_1, \cdots, p_n) \tag{5.4}$$

该位置是通过对图像进行窗口遍历搜索得到的，可以将 $\text{score}(p_0)$ 视为被根滤波器指定的检测窗口响应得分。为了提高计算效率，采用动态规划与距离转移 (Felzenszwalb et al.，2004) 的方法计算每个根滤波器所在位置处的部件滤波器最优位置，最终的检测结果由根滤波器与部件滤波器覆盖的区域联合表示。图 5.1 为利用可变形部件模型进行目标匹配的计算过程。

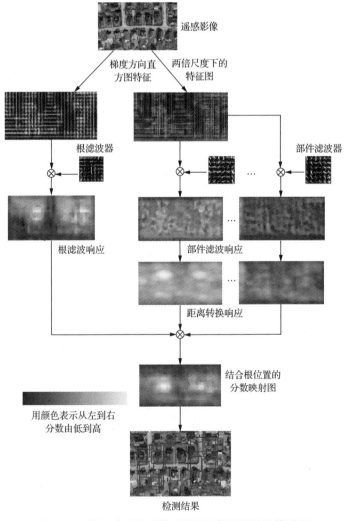

图 5.1　利用可变形部件模型进行目标匹配的计算过程

1. 计算各个滤波器响应

对目标检测的基础是计算各个滤波器的响应, 设 $R_{i,l}(x,y) = F_i' \cdot \phi(H,(x,y,l))$ 表示特征金字塔上第 l 层的第 i 个模型滤波器的值, 匹配算法是利用这些值进行运算。$R_{i,l}$ 是 F_i 与层数为 l 的特征金字塔的点积运算。将各个滤波器的响应值计算完毕后, 利用距离转换将部件滤波器响应转换为空间不确定性问题:

$$D_{i,l}(x,y) = \max_{\mathrm{d}x,\mathrm{d}y}(R_{i,l}(x + \mathrm{d}x, y + \mathrm{d}y) - d_i \cdot \phi_{\mathrm{d}}(\mathrm{d}x,\mathrm{d}y)) \tag{5.5}$$

通过式(5.5)的转换, 可扩展邻近位置滤波器响应, 由于考虑了变形成本, 因此检测精度得到了提高。$D_{i,l}(x,y)$ 表示在 l 层级上第 i 个部件相对于位置 (x,y) 处根滤波器的最大距离。

2. 计算目标根位置

影像每一层级目标根位置的确定是由该层根滤波器的响应与经过距离转换和下采样后各个部件滤波器响应之和共同确定的, 且部件滤波器所在金字塔层数为根滤波器的两倍:

$$\mathrm{score}(x_0,y_0,l_0) = R_{0,l_0}(x_0,y_0) + \sum_{i=1}^{n} D_{i,l_0-\lambda}(2(x_0,y_0)+v_i) + b \tag{5.6}$$

式中, λ 为金字塔层数。

3. 获取部件最优位置

对于根位置固定的目标模型, 由于部件模型是相互独立、互不影响的, 因此可以单独计算每个部件模型的最优位置。由式(5.5)可知, $D_{i,l}(x,y)$ 表示第 i 个部件对模型全局总得分的贡献值, 在对 $D_{i,l}(x,y)$ 的计算过程中, 可以将部件对标准位置的最佳偏移计算出来, 它是部件标准位置的函数:

$$P_{i,l}(x,y) = \underset{\mathrm{d}x,\mathrm{d}y}{\arg\max}(R_{i,l}(x + \mathrm{d}x, y + \mathrm{d}y) - d_i \cdot \phi_{\mathrm{d}}(\mathrm{d}x,\mathrm{d}y)) \tag{5.7}$$

获取目标根位置后, 可以通过搜索最优偏移 $P_{i,l_0-\lambda}(2(x_0,y_0)+v_i)$ 的方法获得相应部件的位置, 完成目标的检测。

5.1.3 混合模型目标的匹配搜索

混合模型是多个单模型的组合, 引入混合模型是为了提高检测的完整性,通过对同一目标的不同姿态进行组合，获得此类目标的混合模型，可以提高搜索的可靠性。对于道路交叉口的检测，需要构建不同类型交叉口目标的混合模型。例如，丁字形路口，根据其方向可以分为左侧、右侧、上侧、下侧及左下、左上等八个方向，如果将中心同一目标的不同模型进行组合，构成混合模型，那么可以提供检测的精度。混合模型中每个模型都由根模型、部件模型、可变形模型组成，通过对每个模型进行学习训练来获取同一类目标的参数。

混合模型表示具有 m 个元素的模型数组，记为 $M=(M_1, M_2, \cdots, M_m)$，其中 M_c 表示第 c 个模型元素，每一个元素目标模型滤波器位置用 $z=(c, p_0, \cdots, p_{n_c})$ 表示，n_c 是 M_c 中的部件个数，可以将第 c 个模型元素的滤波器位置简写为 $z'=(p_0, p_1, \cdots, p_{n_c})$。

正如单模型的得分可以表示为模型参数向量 β 与特征图向量 $\psi(H,z)$ 的点积，混合模型也可以这样表示，参数向量是每个元素模型参数向量的集合，即 $\beta=(\beta_1, \beta_2, \cdots, \beta_m)$，特征向量是一个稀疏矩阵，其中非零元素用 $\psi(H, z')$ 表示，$\psi(H,z)=(0, \cdots, 0, \psi(H, z'), 0, \cdots, 0)$ 且 $\beta \cdot \psi(H, z) = \beta_c \cdot \psi(H, z')$，检测混合模型时需要寻找混合模型中每个元素的最优位置。

5.2 道路交叉口部件模型的构建

由基于可变形部件模型的目标检测方法原理可知，该方法能够对不同尺度、不同类型的目标位置准确地进行搜索与定位。对于道路交叉口检测，如何运用交叉口几何、纹理、光谱特征构建合适的交叉口模型是交叉口目标检测的关键，如何根据交叉口特有的形状对不同类型道路交叉口进行建模是检测算法的前提与基础。

5.2.1 道路交叉口形状特征描述

按照道路交叉口分支的个数及道路分支之间的夹角可将道路交叉口分为四类：L 形交叉口、T 形交叉口、X 形交叉口、其他类型交叉口。其中，L 形交叉口包含两个道路分支，且两分支夹角大于 45°；T 形交叉口是一种常见的道路交叉口类型，俗称丁字形路口，其特点是有一个道路分支与另外两个方向相反的分支近似垂直；X 形交叉口包含四个道路分支，俗称丁字形路口，相邻道路分支近似垂直。但是在实际地物中，十字形路口的道路分支夹角并不是理想的垂直，这是由实地地理位置与道路之间的空间关系确定的；其他道路交叉口类型是指包含大于四个道路分支的交叉口，这种类型道路交叉口附近交通情况复杂，地物要素较多，但由于其拓扑结构比较重要，在交叉口检测与识别中也是不容忽视的。其中，丁字形路口与十字形路口是实际应用中最常见的类型，本章重点对这两类道路交叉口提取方法进行研究。

道路交叉口区域几何模型与可变形部件模型具有内在联系。道路交叉口可由若干部件模型组合而成，不同类型的交叉口几何形状具有明显特征，例如，丁字形路口具有三个方向近似固定的道路分支，十字形路口有四个方向近似垂直的道路分支，如果以道路交叉口区域中心为组成道路交叉口模型的中心部件，以各个方向的道路分支为组成交叉口模型的分支部件，那么可以将道路交叉口视为由中心部件与分支部件构成的部件模型。此外，实际影像中，构成道路交叉口的各个道路分支之间的位置并不是固定的，而是随着实际场景中地理空间特点及城市规划需要等因素发生改变的，各个部件相对于其正确标准位置会发生变形，部件相对标准位置存在一定偏移量，故可以将其视为变形部件目标。

由上述分析可知，道路交叉口几何模型具有可变形部件模型的所有特征，利用可变形部件模型对道路交叉口区域进行建模是合理的，模型的根为道路交叉口覆盖区域，模型的部件为组成交叉口的中心及分支所在区域。整个交叉口覆盖区域为根滤波器所在位置，每个中心位置及道路分支所在区域为部件滤波器所在位置，部件相对标准位置的偏移量为模型的偏移参数，这样由根、部件模型、偏移参数即可构成完整的道路交叉口模型。

丁字形交叉口与十字形交叉口是最为常见的两种类型，使用范围较广。这里分别利用可变形部件模型对丁字形交叉口、十字形交叉口进行建模，模型与其真实影像的对照关系如图 5.2 所示。

5.2.2　道路交叉口方向梯度直方图特征提取

1. 方向梯度直方图特征计算步骤

特征是对象所表现出的与其他对象具有明显差异的性质，如对象的大小、面积等几何特征，利用对象固有特征可以将其与其他对象区分开。在影像处理领域，目标特征往往反映目标在影像上呈现的色调、颜色等光谱特征及大小、形状等几何特征等。影像目标检测与识别的目的是利用对象在影像上呈现的各种特征对目标属性进行判断，将不同对象类别进行区分。

遥感影像道路交叉口目标与周围其他地物有明显差异，具体表现在以下方面。

(1)道路交叉口一般为同质区域，色调、纹理比较均匀，且与周边地物差别较大，通过目视观察可以轻易地将交叉口目标识别出来。

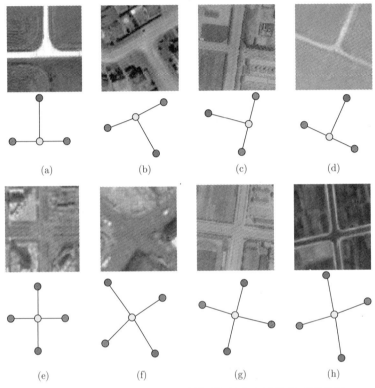

图 5.2 道路交叉口可变形部件模型与其真实影像的对照关系

(2)道路交叉口区域的边界信息丰富，同质区域的边界一般为道路的边界，故其具有道路的边界特征，即在交叉口目标边界处梯度变化较大，梯度的方向垂直于当前道路。

根据道路交叉口固有特征，本章采用方向梯度直方图描述交叉口区域目标特征(Dalal et al.，2005)。方向梯度直方图是对影像上像素梯度的统计信息，由于目标边缘处的梯度一般变化较大，因此方向梯度直方图可以反映目标区域轮廓、边界等特征，方向梯度直方图特征反映的是梯度的结构特征，可以对目标局部形状特征进行描述，尤其是对大幅影像中小目标，其特征描述更加准确；此外，通过方向空间与位置的量化处理抵消了影像平移、旋转带来的影响；而且方向梯度直方图特征对梯度直方图采用局部归一化处理，可以有效降低对光照的敏感度(张全发等，2013)。

影像方向梯度直方图特征的计算步骤如下。

(1)分别计算影像上每个像素的垂直梯度与水平梯度，并计算梯度大小与方向：

$$G(x,y) = \sqrt{(f(x+1,y) - f(x-1,y))^2 + (f(x,y+1) - f(x,y-1))^2} \quad (5.8)$$

$$\theta(x,y) = \arctan\left(\frac{f(x,y+1) - f(x,y-1)}{f(x+1,y) - f(x-1,y)}\right) \quad (5.9)$$

式中，$f(x,y)$ 表示影像；$G(x,y)$ 表示梯度大小；$\theta(x,y)$ 表示梯度方向。

(2)将影像划分为相同的小块，每个小块像素个数相同(如 8×8)，并将相邻小块构成大块，每个大块含 2×2 个小块。

(3)将梯度方向在 $0^\circ \sim 180^\circ$ 范围内分为等间隔的 n 个通道。

(4)计算每个小块中像素的梯度直方图，其横坐标为梯度方向通道，纵坐标为此方向通道内像素梯度大小之和，由此可形成一组特征向量。

(5)以大块为单位，对大块内特征向量进行归一化处理：

$$v^* = \frac{v}{\sqrt{\|v\|_n^2 + \varepsilon^2}} \quad (5.10)$$

式中，v 表示特征向量；$\|v\|_n$ 表示 n 阶范数；ε 为微小常量，其作用是防止分母为 0。

(6)对整幅影像中的大块进行处理，将计算得到的特征向量进行连接，形成一组多维或高维特征向量，即方向梯度直方图特征。

以大小为 80×80 的一幅影像为例，设每个小块像素为 8×8，每个大块含 2×2 个小块，将梯度方向以 20° 等间隔划分，形成 9 个方向通道，每个小块投影到 9 个方向通道上，形成 9 维特征向量，则每个大块形成 $4 \times 9 = 36$ 维的特征向量，对于整幅影像，共有 9×9 个大块，故整幅影像的方向梯度直方图特征为 $9 \times 9 \times 36$ 维的向量。

2. 基于主成分分析的高维特征降维处理

获取影像上不同分辨率的大量 36 维方向梯度直方图特征向量后，会产生高维特征向量。数据维数的增多会使识别分类问题中的参数估计、目标函数优化等越来越困难；高维数据会产生孤立的数据点，使得全局优化问题难以解决；而且高维数据往往会产生高维噪声，使得原始数据结构、分布受到影响；此外，就目前计算机硬件处理效率、存储容量而言，其处理高维数据的能力还亟待改善(刘立月等，2012)。例如，对于支持向量机分类算法，如果输入变量远大于观测值，那么分类的精度会明显降低。

　　为了解决高维数据分类问题，需要对其进行降维处理，使其既能够保留原始数据中的主要信息，又可提高处理的效率，满足分类精度要求。目前常用的数据降维方法分为特征选择与特征抽取两类(刘立月等，2012；陈涛等，2005)。特征选择是从原始高维特征中选取最能反映并代表原始特征的一组特征子集作为降维后的特征，这些特征保留了原始特征的性质。特征抽取是通过对原始特征进行变换或映射产生一组能反映原始特征的新特征。特征选择的缺点是计算量巨大且稳定性差，故目前数据降维的研究热点是特征抽取方法，如主成分分析(principal component analysis，PCA)法、偏最小二乘(partial least squares，PLS)法等。本章采用主成分分析法对影像上高维特征数据进行降维，目的是通过对影像不同尺度空间上特征影像进行分析，获取主要成分，降低方向梯度直方图特征维数，提高机器学习效率。

　　在计算影像方向梯度直方图特征时，每个细胞区域产生 36 维特征向量，因此本章重点研究如何对这些向量进行主成分分析，得到其主要成分。对不同影像不同金字塔层数上产生的大量 36 维方向梯度直方图特征进行主成分分析，结果如图 5.3 所示。

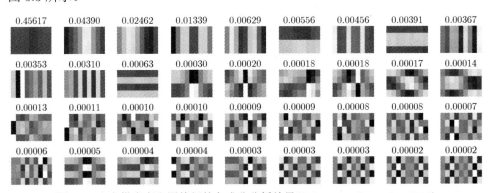

图 5.3　方向梯度直方图特征的主成分分析结果(Felzenszwalb et al.，2007)

　　图 5.3 中，每个特征向量为 4×9 的矩阵，矩阵中的行代表归一化因子，列代表方向通道，每一特征向量上方的数字表示矩阵特征值。由特征值的分布可知，特征值位于前 11 个的特征向量构成的线性特征子空间几乎涵盖了方向梯度直方图特征中的所有信息。2008 年，Felzenszwalb 等分别利用原始 36 维方向梯度直方图特征与经过前 11 个特征映射后的 11 维特征进行目标检测实验，得到了同样的识别结果，表明 36 维方向梯度直方图特征的主要信息可以通过前 11 个特征值

的向量映射得到。利用主成分分析处理方向梯度直方图特征不仅可减少模型参数，还可提高模型检测与学习效率。

36 维的方向梯度直方图特征是通过对 9 个方向直方图通道分别利用正则化运算计算 4 个细胞中特征获得的，故可将其视为一个 4×9 的矩阵，观察图 5.3 前 11 个特征值的特征向量可发现其共有的结构特点：每个特征向量沿矩阵中每一行(或每一列)其值近似保持不变。例如，第三个特征向量每一列的值近似不变，第八个特征向量每一行的值近似不变。因此，排序位于前列的特征向量基本上存在于有稀疏矩阵定义的线性子空间中，这些向量在其矩阵中沿每一行(或每一列)具有相同(或近似相等)的值。因此，构造以下稀疏矩阵 u_k 和 v_k，令 $V = \{u_1, u_2, \cdots, u_9\} \cup \{v_1, v_2, \cdots, v_4\}$，其中

$$u_k(i,j) = \begin{cases} 1, & j = k \\ 0, & \text{其他} \end{cases}, \quad v_k(i,j) = \begin{cases} 1, & i = k \\ 0, & \text{其他} \end{cases} \quad (5.11)$$

可以对 36 维方向梯度直方图特征与 u_k 和 v_k 进行点积获取 13 维的特征向量，每个 u_k 的投影值是通过对其固定方向计算 4 个正则化值之和获得的。

利用 13 维特征向量可以获得与原始 36 维方向梯度直方图特征相同的检测效果，由于 u_k 和 v_k 是稀疏矩阵，其计算效率高于通过主成分分析获取排序前列的特征向量的方法。13 维特征向量也可以用 9 个方向特征与 4 个正好反映细胞邻域不同区域的梯度能量值的特征来联合表示。

实验表明，利用对比度敏感的特征对某些目标种类检测效果较好，与此同时，利用对比度不敏感的特征对另外一些目标种类检测效果好。因此，在实际运算中，需要同时考虑两种特征。

令 C 表示利用 9 个对比度不敏感的方向通道对像素级特征图进行融合得到的细胞级特征图，D 表示利用 18 个对比度敏感的方向对像素级特征图进行融合得到的细胞级特征图。如果利用式(5.10)四个归一化因子对 C 和 D 的细胞 (i,j) 进行运算，那么可以获得 $4 \times (9+18) = 108$ 维的特征向量 $F(i,j)$。因此，可以通过对 108 维特征向量的解析映射来重新定义特征。可以将其分解为 27 个不同方向通道归一化的和及四个归一化因子的和，其中包括 9 个对比度不敏感的方向。对于细胞大小 $k = 8$、截断参数 $\alpha = 0.2$ 的情况，最终的特征图是 31 维的特征向量 $G(i,j)$，其中 27 维对应不同的方向通道，剩余 4 维表示 (i,j) 邻域 4 个细胞组成大块的梯度能量。

图 5.3 中特征值较大的特征向量可以近似利用二维离散傅里叶基函数表示，

每一个特征向量可近似表示为一个变量的正弦函数或余弦函数。因此，可以用有限个傅里叶基函数代替离散方向通道来定义特征。

5.3 基于隐支持向量机的道路交叉口模型训练

构建道路交叉口模型完毕后，如何准确地获取目标模型参数 β 是目标检测的关键。为了能够检测不同姿态的道路交叉口目标，本节对道路交叉口采取构建混合模型的方法进行建模。模型参数为 $\beta=(\beta_1,\beta_2,\cdots,\beta_m)$ ，由式(5.3)可知，模型与线性分类器有联系，可以据此利用线性分类器对样本进行训练以获取模型参数。本节利用道路交叉口部件模型与分类器之间的内在联系，通过隐支持向量机分类器对交叉口样本进行训练，获取模型的参数，以下将详细介绍模型训练的内容。

5.3.1 隐支持向量机的基本思想

隐支持向量机(latent support vector machines，LSVM)是支持向量机中的一种，其本质是利用隐藏特征信息对传统的支持向量机进行扩展(龚婕等，2003)。隐支持向量机与传统支持向量机的不同之处是在对样本训练过程中引入了描述样本特征信息的隐藏变量，将这些隐藏变量作为参数通过支持向量机进行学习，获取对目标特征更加丰富的表达与描述。隐藏变量的引入是为了提高对同一目标不同状态模型的学习能力，充分挖掘影像上模型的隐藏信息。在可变形部件模型中，每个部件模型相对于其标准位置的偏移量是不固定的，而且同一目标模型的部件位置也会随着姿态的不同而不同，例如，对于人物模型，部件模型(胳膊、腿)的位置与人物所处的姿态有关系，当人物处于站立姿势或处于奔跑姿势时，胳膊的位置是不同的，如果用固定变量表示此位置，那么必然造成模型学习的不充分、不完整现象。引入隐藏变量可以有效解决此类问题，将部件位置(如胳膊、腿等)作为隐藏变量，通过大量样本学习，获取隐藏变量信息，以此来描述部件在不同姿态下的位置，这样可以提高目标检测的鲁棒性。仍然以人物模型为例，将各个部件(胳膊、腿等)的位置视为隐藏变量，利用支持向量机对不同场景、不同姿态人物图像进行学习，获取最优化参数结果，利用此参数进行目标检测时，可以有效检测处于不同姿态下人物部件模型位置，提高检测精度。

设 $(x_1,y_1),(x_2,y_2),\cdots,(x_i,y_i)$ 为训练样本集， x_i 为输入变量， y_i 为输出变量，满足 $y_i\in\{-1,1\}$ ，令 $Z(x)$ 为样本中 x 可能存在的隐变量集合，对于任一变量

$z \in Z(x)$，令 $\Phi(x,z)$ 表示与 (x,z) 相关联的特征向量，利用包含隐藏变量的隐支持向量机对线性分类器进行训练，其模型形式为

$$f_\beta(x) = \max_{z \in Z(x)} \beta \cdot \Phi(x,z) \qquad (5.12)$$

式中，β 为模型参数向量，对于训练样本集 $(x_1,y_1),(x_2,y_2),\cdots,(x_n,y_n)$，可参照标准支持向量机训练方法，将隐支持向量机训练过程定义为最优化问题：

$$\beta^* = \arg\min_\beta \sum_{i=1}^{n} \max(0,1 - y_i f_\beta(x_i)) + \lambda \|\beta\|^2 \qquad (5.13)$$

其目标函数可以表示为

$$L_D(\beta) = \frac{1}{2}\|\beta\|^2 + C \sum_{i=1}^{n} \max(0,1 - y_i f_\beta(x_i)) \qquad (5.14)$$

式中，$\max(0,1 - y_i f_\beta(x_i))$ 为标准损失函数；C 为惩罚因子。对于正样本，损失函数会使 $f_\beta(x)$ 大于 1；相反，对于负样本，损失函数会使 $f_\beta(x)$ 小于–1。若每个样本的隐变量值满足 $|Z(x_i)| = 1$，则 $f_\beta(x)$ 是关于 β 的线性函数，故可以将线性支持向量机视为隐支持向量机的一种特殊情况。

　　隐支持向量机分类是一个非凸函数最优化问题，可以将隐支持向量机视为一个半凸函数最优化问题，如果正样本中的隐藏信息是确定的，那么样本训练过程便成为一个凸函数求解过程。在凸函数中，函数的最大值位于凸函数的峰值处。式(5.12)中，$f_\beta(x)$ 是一组以参数向量 β 为变量的线性函数集合中最大值。因此，$f_\beta(x)$ 也是关于参数 β 的凸函数，并且当 $y_i = -1$ 时损失函数 $\max(0,1 - y_i f_\beta(x_i))$ 是关于参数 β 的凸函数。因此，损失函数在参数向量 β 中是用来表示负样本的，损失函数的这种特征称为半凸性。

　　对于负样本 $y_i = -1$，损失函数是模型参数 β 的凸函数，但对于正样本则不满足这种关系，通常情况下，损失函数对正样本而言不是凸函数，因为它是凸函数(0)与凹函数 $(1 - y_i f_\beta(x_i))$ 的最大值。对于隐支持向量机样本训练，若每个正样本都存在单一的隐变量值，则 $f_\beta(x)$ 对正样本而言是线性的，且每个正样本的损失函数也是凸函数。这种情况下，式(5.14)也具有凸函数的特性。

5.3.2　道路交叉口模型训练的最优化问题

　　通过 5.3.1 节的分析，确定了模型训练中的损失函数，下一步训练的关键在于

如何对其进行最优化求解，高效求解最优化问题是机器学习的重要步骤，求解策略的优劣直接影响模型学习的能力。目前，如何求解最优化问题是国内外有关机器学习学者研究的热点与重点。求解最优化问题比较著名的方法包括梯度下降法(Bordes et al.，2009)、置信域牛顿法(trust region Newton method，TRNM)(Lin et al.，2008)、坐标优化(coordinate descent)法(Chang et al.，2008)等。

这些方法都能够有效解决大规模数据线性二分类问题，其中比较著名的是Yuan 等设计的坐标优化(或坐标下降)算法，其依据此算法开发了针对线性分类问题的 Liblinear 软件工具包(Yuan et al.，2010)。坐标优化法是在梯度下降法的基础上发展起来的。其基本思想是：利用偏导数计算梯度下降方向，并根据目标函数光滑性获取梯度下降步长，使目标函数在每个方向上递减，直到函数收敛。坐标优化的本质是：将多维甚至高维数据优化问题分解为一维情况分别进行优化处理，即在每次计算过程中，将其他维的坐标保持固定不变，仅对当前一维坐标进行优化，对每一维坐标需求解所有样本的最优化问题，最终得到最优结果。坐标优化法由于使用了样本数据的稀疏性及偏导数运算，降低了计算成本，而且更新坐标时采用梯度下降法，与其他方法相比使用了更多的信息，因此坐标优化法的收敛速度很快，对小样本学习问题效率较高(王家宝,2013)。

随着遥感影像时间、空间分辨率不断提高，传感器类型呈现多元化、多层次的特点，影像数据量呈指数级增加，样本数据的规模也随之不断扩大。对于大规模数据的学习，时间消耗是学习的主要制约因素，基于坐标优化法的学习效率会随数据规模增大而迅速增加。相对于坐标优化法，梯度下降法具有较高的学习效率。近年来针对大规模数据学习问题，基于随机梯度下降的学习算法发展迅速，例如，Bottou 等提出的利用随机梯度下降线性支持向量机对文本分类问题进行学习，极大地提高了学习效率(Bottou et al.，2008)；在此基础上，Bottou 又对随机梯度下降法的时间复杂度与收敛性进行分析，利用实验证明了随机梯度下降法的学习效率(Bottou，2010)。随机梯度下降法不仅可以应用于文本识别，而且在目标检测、识别等领域都已有广泛应用。本章对道路交叉口影像数据进行训练时，为了提高训练效率，使用随机梯度下降法对样本进行学习。

令 Z_p 表示训练样本集合 D 中每一个正样本的隐变量值，可以定义一个辅助目标函数 $L_D(\beta, Z(p)) = L_{D(Z_p)}(\beta)$ [$L_{D(Z_p)}(\beta)$可简写为$L_D(\beta)$]。其中，$D(Z_p)$ 是从集合 D 中利用 Z_p 对正样本中隐变量值进行条件约束而得到的，即对于一个正样本，令 $Z(x_i) = \{z_i\}$，z_i 是利用 Z_p 定义的样本 x_i 的隐变量，可以得出

$$L_D(\beta) = \min_{Z_p} L_D(\beta, Z_p) \tag{5.15}$$

即有 $L_D(\beta) \leqslant L_D(\beta, Z_p)$，辅助目标函数将隐支持向量机目标包括在内，对样本训练过程即是通过最小化 $L_D(\beta, Z_p)$ 完成的。

实际训练样本时，最小化 $L_D(\beta, Z_p)$ 是通过坐标优化法完成的，包括两个步骤：对正样本重新标记并优化参数 β。重新标记正样本是利用隐变量值 $Z(p)$ 优化 $L_D(\beta, Z_p)$；优化参数 β 则是利用 β 优化 $L_D(\beta, Z_p)$，具体见式(5.16)。

(1)重新标记正样本：对每一个正样本选择最高得分的隐变量 $Z(p)$ 来优化 $L_D(\beta, Z_p)$。

$$z_i = \arg \max_{z \in Z(x_i)} \beta \cdot \Phi(x_i, z) \tag{5.16}$$

(2)优化参数 β：利用 β 解决由 $L_{D(Z_p)}(\beta)$ 定义的凸函数优化问题，以此来优化 $L_D(\beta, Z_p)$。

通过以上步骤不断优化更新 $L_D(\beta, Z_p)$ 的值，步骤(1)搜索大量正样本特征空间中指数级的隐变量，步骤(2)通过所有负样本中指数级的隐变量进行搜索，获取所有可能的模型参数，经过对正负样本不断搜索处理后，可以获取当前场景中目标的局部最优值。在运算过程中，参数 β 的初始化是必要的，对于正样本，如果选择不合理的隐变量，将会产生错误的模型。

隐支持向量机的半凸函数特性是非常重要的，即使负样本中隐变量不固定，步骤(2)也可以将其变为凸函数最优化问题进行处理。正因为如此，如果在每一次迭代中对所有样本的隐变量进行固定，那么有可能导致模型计算错误。假设用 Z 表示样本集 D 中所有样本的隐变量，对于负样本中的隐变量，$L_D(\beta)$ 会快速达到最大值，且其值远大于 $L_D(\beta, Z)$，故无法通过最小化 $L_D(\beta, Z)$ 来完成模型的学习。

其中，步骤(2)既可以通过坐标优化法计算也可以通过随机梯度下降法获得。本节介绍利用随机梯度下降法对任意集合 D 进行优化 β 的方法。

设 $z_i(\beta) = \arg \max_{z \in Z(x_i)} \beta \cdot \Phi(x_i, z)$，则有 $f_\beta(x_i) = \beta \cdot \Phi(x_i, z_i(\beta))$，隐支持向量机中目标函数(式(5.14))的次梯度可以表示为

$$\nabla L_D(\beta) = \beta + C \sum_{i=1}^{n} h(\beta, x_i, y_i) \tag{5.17}$$

式中

$$h(\beta,x_i,y_i)=\begin{cases}0, & y_if_\beta(x_i)\geqslant 1\\-y_i\Phi(x_i,z_i(\beta)), & \text{其他}\end{cases} \tag{5.18}$$

在随机梯度下降法中，利用样本子集估算$\nabla L_D(\beta)$，并且向其梯度相反方向选择一定步长进行计算，对于单个样本$\langle x_i,y_i\rangle$，利用$nh(\beta,x_i,y_i)$估算$\sum_{i=1}^{n}h(x_i,y_i)$的近似值，并根据其计算结果不断更新β值，步骤如下：

(1)设α_t为第t次迭代时的学习率。

(2)设i为随机样本。

(3)令$z_i=\arg\max_{z\in Z(x_i)}\beta\cdot\Phi(x_i,z)$。

(4)如果$y_if_\beta(x_i)=y_i(\beta\cdot\Phi(x_i,z_i))\geqslant 1$成立，那么令$\beta=\beta-\alpha_t\beta$。

(5)如果$y_if_\beta(x_i)=y_i(\beta\cdot\Phi(x_i,z_i))\geqslant 1$不成立，那么令$\beta=\beta-\alpha_t(\beta-Cny_i\Phi(x_i,z_i))$，$\alpha_t=1/t$。

对于线性支持向量机分类器，其学习率取决于样本的个数，且与迭代次数成反比。由以上计算步骤可知，计算时步长的大小与迭代次数成反比，迭代次数越多，相应步长越小，目的是使算法远离极值点时能够快速移动；而当算法接近极值点时，进行小距离移动；这样不仅能够提高学习效率，还可实现精确定位。

在线性支持向量机中，梯度下降法类似于感知器算法的处理流程(刘建伟等，2010)。感知器算法的处理思想是：设计分类器对样本类别进行判断，利用判断结果不断修正权值，最终产生线性可分判决函数。以上步骤中，如果$f_\beta(x_i)$能够准确识别样本x_i(即大于门限值)，那么收缩β，若未能正确识别，则在收缩β的同时利用$\Phi(x_i,z_i)$调整$\beta\cdot\Phi(x_i,z_i)$。

5.3.3 基于数据挖掘思想的困难样本学习

为了获得待检测目标的训练模型，需要对大量样本进行训练。对基于滑动窗口搜索的分类器而言，在搜索过程中，一幅简单的影像会产生大量冗余信息。目前的计算机硬件处理能力仍然有限，同时考虑所有样本、对所有样本进行学习几乎不可能。为了提高学习效率，需要对大量样本数据进行合理组织，构造高效的样本数据结构以完成学习任务。

为了达到利用少量种子样本集学习大量样本数据的目的，本节采用弱监督机器学习方法(伍星等，2009)对道路交叉口目标特征进行学习，利用数据挖掘的思想对少量种子样本集进行分析，生成最初的模型分类器，并利用新的分类器训练其他复杂样本，从中产生新的种子样本，经过不断循环迭代，达到利用少量标记过的样本学习大量样本数据的效果，与传统机器学习方法相比，该方法能够极大地提高学习效率。

基于 Bootstrapping 的机器学习方法是一种弱监督学习方法，通过对初始种子样本集进行训练产生初始目标模型，然后利用该模型检测其余样本，将正确识别样本加入种子样本集中，并更新样本模型，将错误识别样本视为困难样本，并对其再次循环检测，重复上述计算直到结束(罗军等，2010)。

1. 对困难样本的数据挖掘——支持向量机模型

受 Bootstrapping 机器学习方法的启发，这里利用数据挖掘的思想对支持向量机分类器进行训练。该方法针对大量样本集中模型训练问题，利用少量的标注样本与困难样本获取目标模型。本章详细介绍数据挖掘思想在支持向量机中的应用，对于隐支持向量机中的机器学习问题，将在后面章节介绍。

算法首先将训练样本集中样本分为简单样本和困难样本。利用初始模型参数 β 能够正确识别的样本称为简单样本，未正确识别的样本称为复杂样本。利用 Bootstrapping 机器学习的思想，每次循环计算时，将简单样本从种子样本集中移除，同时增加困难样本，对产生的困难样本进行学习，如此循环操作，可以不断提高分类器的学习能力。

假设训练集中与 β 相关的简单样本与复杂样本分别表示为

$$
\begin{aligned}
H(\beta, D) &= \left\{ \langle x, y \rangle \in D \mid y f_\beta(x) < 1 \right\} \\
E(\beta, D) &= \left\{ \langle x, y \rangle \in D \mid y f_\beta(x) > 1 \right\}
\end{aligned}
\tag{5.19}
$$

式中，$H(\beta, D)$ 表示训练样本集 D 中由 β 定义的分类器未正确识别的样本，即困难样本；$E(\beta, D)$ 表示训练样本集 D 中由 β 定义的分类器正确识别的样本，即简单样本。令 $\beta^*(D) = \arg\min_\beta L_D(\beta)$，因为 $L_D(\beta)$ 是严格的凸函数，所以 $\beta^*(D)$ 的值是唯一的。给定一个大样本集合 D，存在一个少量样本集合 C，$C \subseteq D$，满足 $\beta^*(C) = \beta^*(D)$。

本章算法利用样本 cache(训练样本库)进行辅助训练，首先将初始样本存入 cache 库中，循环训练样本并更新 cache。在每一次迭代运算中，从 cache 库中移除简单样本，增加新的复杂样本，假设 $C_1 \subseteq D$ 为初始计算样本，算法针对支持向量机分类器的训练步骤如下。

(1)利用 C_1 训练样本，令 $\beta_t = \beta^*(C_t)$。

(2)如果 $H(\beta_t, D) \subseteq C_t$，那么停止计算并返回 β_t。

(3)对于任意 $X \subseteq E(\beta_t, C_t)$，令 $C'_t = C_t \setminus X$ 并收缩 cache 库。

(4)对于 $X \subseteq D$ 并且 $X \cap H(\beta_t, D) \setminus C_t \neq \varnothing$，令 $C'_{t+1} = C'_t \cup X$ 并扩展 cache 库。

步骤(3)利用 β_t 将大于阈值的样本(简单样本)从 C_t 中移除并收缩 cache 库；步骤(4)则是从 D 中利用由 β_t 定义的分类器将小于阈值的样本(困难样本)移入 cache 库中，如果困难样本不存在，那么返回到步骤(2)。

为了得到 $\beta^*(D)$ 值，定义如下定理。

定理 5.1 令 $C \subseteq D$ 且 $\beta_t = \beta^*(C)$，如果 $H(\beta, D) \subseteq C$，那么有 $\beta = \beta^*(D)$。

证明 由 $C \subseteq D$ 可推出 $L_D(\beta^*(D)) \geqslant L_C(\beta^*(C)) = L_C(\beta)$，因为 $H(\beta, D) \subseteq C$，所以所有属于 $D \setminus C$ 中的样本在 β 上损失函数为 0，即 $L_C(\beta) = L_D(\beta)$，$L_D(\beta^*(D)) \geqslant L_D(\beta)$，因为 L_D 有唯一的最大值 $\beta = \beta^*(D)$。

定理 5.1 也表明，算法在有限次迭代后会中止，因为虽然每次迭代中 $L_{C_t}(\beta^*(C_t))$ 都会扩展，但是 $L_{C_t}(\beta^*(C_t))$ 的扩展范围始终保持在 $L_D(\beta^*(D))$ 之内。

定理 5.2 数据挖掘算法必然收敛。

证明 当收缩 cache 库时，C'_t 包含了 C_t 中 β_t 附近所有损失函数非零的样本，这表明对于 β_t 附近样本，$L_{C'_t}$ 等同于 L_{C_t}，因为 β_t 是 L_{C_t} 中的最小值，所以其肯定也是 L_{C_t} 中的最小值，$L_{C'_t}(\beta^*(C'_t)) = L_{C_t}(\beta^*(C_t))$。

当扩展 cache 库时，$C_{t+1} \setminus C'_t$ 包含了 β_t 处至少一个损失函数非零的样本，由于 $C'_t \subseteq C_{t+1}$，因此对于所有的 β，有 $L_{C_{t+1}}(\beta) \geqslant L_{C'_t}(\beta)$。如果 $\beta^*(C_{t+1}) \neq \beta^*(C'_t)$，由于 $L_{C'_t}$ 有唯一的最小值，因此有 $L_{C_{t+1}}(\beta^*(C_{t+1})) > L_{C'_t}(\beta^*(C'_t))$。如果 $\beta^*(C_{t+1}) = \beta^*(C'_t)$，那么对样本 $\langle x, y \rangle$ 有 $L_{C_{t+1}}(\beta^*(C_{t+1})) > L_{C'_t}(\beta^*(C'_t))$。

由此可以得出结论：$L_{C_{t+1}}(\beta^*(C_{t+1})) > L_{C_t}(\beta^*(C_t))$。

此外，对于包含隐藏变量的隐支持向量机，需要对算法进行改变，使其能够得到包含隐藏变量的模型参数。

2. 对困难样本的数据挖掘——隐支持向量机模型

本节主要介绍当正样本中隐变量值固定时利用数据挖掘算法训练隐支持向量机分类器的原理与流程。在隐支持向量机中，只需解决对 $L_{D(Z_p)}(\beta)$ 的优化问题，而不需要考虑 $L_D(\beta)$ 的因素，由前面的一些限制条件可以保证将隐支持向量机最优化问题变为凸函数优化问题。

在支持向量机训练过程中，cache 库中存放的是样本 x，对于含有隐变量 z 的隐支持向量机训练，cache 库中应存储数据对 (x, z)，其中 $z \in Z(x)$，这样操作可以极大地减少运算量，避免最优化循环计算中对所有隐变量 $Z(x)$ 进行计算。在实际操作中，为了简化描述，可以将特征向量 $\Phi(x, z)$ 代替 (x, z) 存放在 cache 库中，这种表示方法更加简便。

存放特征向量的 cache 库是一组数据对 (i, v) 的集合，其中 $1 \leqslant i \leqslant n$ 是样本索引值，$v = \Phi(x_i, z)$ 且 $z \in Z(x)$。对每个样本 x，存在数据对 $(i, v) \in F$ 与样本相对应，如果训练样本集中正样本有固定标记，那么式(5.15)对于负样本也成立。

用 $I(F)$ 表示 F 中被索引的样本，利用特征向量 F 可以定义参数为 β 的目标函数，这里仅考虑被索引的样本，并且对每个样本仅考虑在 cache 库中的特征向量，则有

$$L_F(\beta) = \frac{1}{2}\|\beta\|^2 + C \sum_{i=I(F)}^{n} \max(0, 1 - y_i(\max_{(i,v) \in F} \beta \cdot v)) \tag{5.20}$$

对目标函数 L_F 的优化问题可通过对 5.3.2 节中梯度下降法进行改进得到，设 $V(i)$ 表示满足 $(i, v) \in F$ 特征向量 v 的集合，那么梯度下降法可以简化为以下步骤。

(1)设 α_t 为第 t 次迭代时的学习率。

(2)设 $i \in I(F)$ 为被 F 索引的随机样本。

(3)令 $v_i = \arg\max_{v \in V(i)} \beta \cdot v$。

(4)如果 $y_i(\beta \cdot v_i) \geqslant 1$ 成立，那么令 $\beta = \beta - \alpha_t \beta$。

(5)如果 $y_i(\beta \cdot v_i) \geqslant 1$ 不成立，那么令 $\beta = \beta - \alpha_t(\beta - Cny_i v_i)$。

其中，集合 $I(F)$ 的大小控制迭代收敛的次数，集合 $V(i)$ 的大小控制算法执行步骤(3)的时间，在步骤(5)中，$n = |I(F)|$。

令 $\beta^*(F) = \arg\max_\beta L_F(\beta)$，则在 cache 库中存在 $D(Z_p)$ 满足 $\beta^*(F) = \beta^*(D(Z_p))$。

类似于支持向量机中区分简单样本与困难样本的方法，在隐支持向量机中也允许对两类样本进行划分，目的是利用少量样本完成大样本集的训练学习。在隐支持向量机中，由于用 $\Phi(x, z)$ 代替样本 x，因此需要将特征向量划分为简单特征向量与困难特征向量。在集合 D 中定义与 β 相关的困难特征向量，其表达式为

$$H(\beta,D) = \left\{ (i,\Phi(x_i,z_i)) \mid z_i = \underset{z \in Z(x_i)}{\arg\max} \beta \cdot \Phi(x_i,z) \text{and } y_i(\beta \cdot \Phi(x_i,z)) < 1 \right\} \quad (5.21)$$

可以看出，$H(\beta,D)$ 是数据对 (i,v) 的集合，其中 i 是由 β 定义的分类器未正确识别的(在阈值内)样本 x_i 索引值，v 是样本 x_i 中得分最高的特征向量。定义 cache 库中简单特征向量，其表达式为

$$E(\beta,F) = \left\{ (i,v) \in F \mid y_i(\beta \cdot v) > 1 \right\} \quad (5.22)$$

$E(\beta,F)$ 是 F 中由 β 定义分类器正确识别(在阈值外)的特征向量。如果 $y_i(\beta \cdot v) \leqslant 1$，那么即使对于第 i 个样本存在得分大于 v 的特征向量，(i,v) 也被认为是困难特征向量。

利用数据挖掘的思想计算最优化 $\beta^*(D(Z_p))$ 问题，算法通过对 cache 库特征向量进行计算，不断地训练模型并更新 cache 库，令 F_1 是初始特征向量 cache 库，则具体步骤如下：

(1)训练模型，令 $\beta_t = \beta^*(F_t)$。

(2)如果 $H(\beta,D(Z_p)) \subseteq F_t$，那么停止计算并返回 β_t。

(3)对于任意 $X \subseteq E(\beta_t,F_t)$，令 $F_t' = F_t \setminus X$ 并收缩 cache 库。

(4)对于 $X \cap H(\beta_t,D(Z_p)) \setminus F_t \neq \varnothing$，令 $F_{t+1} = F_t' \cup X$ 并扩展 cache 库。

步骤(3)通过移除简单特征向量来收缩 cache 库；步骤(4)通过从 $H(\beta_t,D(Z_p))$ 增加新特征向量来扩展 cache 库。如果计算时间超过阈值限定，那么会在 cache 库中对同一负样本特征向量进行累积。算法最终会中止并返回 $\beta^*(D(Z_p))$。

5.3.4　交叉口部件模型训练

模型训练对算法的结果起关键作用，训练样本前首先需要对每幅影像上目标对象类别进行标识。本章对道路交叉口目标进行标记时，利用矩形框将道路交叉口所在区域范围包围在内，由于这种标记方法并未注明模型中部件的位置，因此是一种弱标记(weakly labeled)方法，训练模型时需要利用标记的样本矩形区域框进行计算。样本初始化对训练结果有直接影响，因此设计了混合模型的初始化及训练学习所有参数的流程。参数学习过程是通过构造并训练隐支持向量机分类器完成的，对于隐支持向量机训练问题，联合采用坐标优化法及数据挖掘与梯度下降法来实现。由于坐标优化算法对局部最小值非常敏感，因此必须对模型进行初始化。

1. 参数学习

假设 c 为目标类别(如 c 为丁字形路口),则对于属于类别 c 的训练样本影像,包括样本目标区域及除样本外的背景区域,目标区域用矩形框表示,记为 P,背景区域记为 N,P 是数据对(I,B)的集合,其中 I 表示影像,B 是影像中包围目标 c 的矩形区域。

设 M 是具有固定结构的(混合)模型,模型所有参数存放在参数向量 β 中,为了学习参数向量,需要利用训练样本集 D 中隐藏信息来构造隐支持向量机分类器,在训练样本集中,正样本来自 P,负样本来自 N。对于每一个样本$\langle x,y\rangle \in D$,都有一幅影像和特征金字塔 $H(x)$ 与之对应,隐变量 $z \in Z(x)$ 具体定义了特征金字塔 $H(x)$ 中模型 M 的实例。令 $\Phi(x,z)=\varphi(H(x),z)$,则 $\beta \cdot \Phi(x,z)$ 可以表示特征金字塔 $H(x)$ 中模型 M 的隐变量 z 的得分。对于正样本$(I,B) \in P$,目标位于被 B 包围的矩形区域中,这表明目标检测器应该位于由 B 定义的矩形区域内,即由 B 定义的目标根滤波器[见式(5.4)]的全局得分较高。为了对隐支持向量机进行训练,对任一$(I,B) \in P$ 定义正样本 x,同时定义样本隐变量 $Z(x)$,使由 $z \in Z(x)$ 定义的根滤波器检测窗口与矩形区域 B 重叠范围至少为 50%。将根位置视为隐变量可以有效补偿由样本矩形框标记位置产生的影响。

对于背景影像 $I \in N$,理想情况下目标检测器应不在其特征金字塔中的任一位置处,即每一个根位置的全局得分[见式(5.4)]应该较低。假设 ϑ 表示特征金字塔中的位置集合,对于每个位置$(i,j,l) \in \vartheta$ 定义不同的负样本 x,由 $z \in Z(x)$ 定义的根滤波器金字塔层数是 l,检测窗口的中心位置是 (i,j)。每幅影像会存在大量负样本,这与检测窗口需要较低的虚警率要求是一致的。

样本训练的流程用伪代码表示,如算法 5.1 所示。

整个循环通过有限次迭代运算完成对 $L_D(\beta,Z_p)$ 的坐标优化。算法第 3~6 行用于对正样本进行重新标记,每个正样本的特征向量存放在 F_p 中,第 7~14 行对 β 进行优化处理。由于由 N 定义的负样本数目较大,因此需使用隐支持向量机中的数据挖掘算法进行处理。重复进行有限次数据挖掘算法,每次计算过程中,收集 F_n 中的困难样本,并且利用梯度下降法训练新模型,通过去除简单特征向量来收缩 F_n。不断从样本 N 中将影像移入 cache 库,直到所有样本计算完毕或到达内存限值。

算法 5.1　样本训练步骤

训练数据

正样本：$P = \{(I_1, B_2), (I_2, B_2), \cdots, (I_n, B_n)\}$

负样本：$N = \{J_1, J_2, \cdots, J_m\}$

初始化模型 β

输出结果：新模型 β

算法步骤

1	$F_n := \varnothing$
2	for　relabel： = 1 to num-relabel do
3	$F_p := \varnothing$
4	for　$i := 1$ to n do
5	add detect-best (β, I_i, B_i) to F_p 　　end
6	end
7	for　datamine := 1 to num-datamine do
8	for　$j := 1$ to m do
9	if $\left| F_n \right| \geqslant$ memory-limit then break
10	add detect-all　$(\beta, J_i, -(1 + \delta))$ to F_n
11	end
12	$\beta :=$ gradient-descent $(F_p \bigcup F_n)$
13	remove (i, v) with　$\beta \cdot v < -(1 + \delta)$　from F_n
14	end

函数 detect-best(β, I_i, B_i) 的作用是寻找 I 中与 B 重叠的根滤波器最高得分。函数 detect-all(β, I, t) 将计算每个根位置的最优目标函数得分值并将得分大于 t 的 l(精验值)进行筛选。这些函数采用的是 5.1.2 节的模型匹配原理[见式(5.1)]。函数 gradient-descent(F) 利用 cache 库中特征向量对参数 β 进行训练，在实际运算中，将可变形部件模型中二次方程系数控制在 0.1 以上,这能够保证变形成本为凸函数，避免函数曲线过于平滑。同时，还需尽量约束模型使其在垂直方向保持对称性，沿模型垂直坐标轴中心位置的滤波器控制为相互对称，远离中心的部件滤波器在模型与之对称位置处有相应部件，这种对称性能够有效地减少学习参数的个数(降低 50%左右)。

2. 模型初始化

隐支持向量机算法中坐标优化方法对于局部最小值比较敏感，故其受模型初始状态影响较大。这里通过三步来初始化模型。

(1)初始化根滤波器。对于包含 m 个元素的混合模型，利用宽高比对 P 中包围目标的矩形区域进行分割，将其分割为大小相等的 m 个分组 $P_1, P_2, \cdots, P_m$。训练 m 个不同的根滤波器 $F_1, F_2, \cdots, F_m$，每个组中包含正样本的轮廓区域。

为了确定 F_i 的维数，在 P_i 中选择大于平均宽高比且最大面积小于矩形区域的 80%的那些矩阵。这能够保证对于大部分的 $(I, B) \in P_i$，可以将 F_i 置于影像 I 的特征金字塔中，并与 B 重叠。

对 F_i 进行训练时，采用利用不包含隐变量标准支持向量机分类进行计算，对于 $(I, B) \in P_i$，通过对 B 中区域进行变换使得其维数与 F_i 相同，这会产生一个正样本，负样本则是通过在 N 中选择随机子窗口来确定的。

(2)合并元素。将初始根滤波器合并为一个不含部件的混合模型中，然后利用数据集 P 与 N 中所有数据对混合后的模型(未进行分割的模型)重新进行参数训练。在此过程中，每个样本的隐变量仅包含每个元素标记值与根的位置。坐标优化法类似于数据聚类算法，利用坐标优化法对其进行训练，循环标记每个正样本，并评价其分类效果。

(3)初始化部件滤波器。采用简单的启发式搜索方法对每个元素的部件进行初始化。将每个元素的部件个数设置为 6，通过贪心算法将部件所在矩形区域覆盖到根滤波器的高能量区域中(能量是指子窗口中正样本权值的范数)。由部件对称性特征可知，部件一般会固定在根滤波器中垂线位置，或者偏离中垂线但在中垂线另一侧有相互对称的部件。确定部件位置后，将根滤波器隐藏部分能量值记为 0，然后搜索后续的能量最大的区域，直到所有 6 个区域计算完毕。

5.4 实验与分析

通过以上介绍，明确了道路交叉口模型的基本属性、检测方法、模型训练学习过程、模型特征表示方法，利用学习样本得到的模型参数对真实影像进行检测，获取目标对象的具体位置。传统的目标检测结果仅仅是将目标所在区域用矩形框加以表示，本章采用的基于可变形部件模型包含根滤波器和部件滤波器，检测过程中，可分别得到目标的根位置与部件位置，而且部件滤波器所在影像分辨率高于根滤波器。

　　实验过程中，利用包围目标的矩形框在样本影像上将样本目标进行标注，用矩形的左上角、右下角坐标表示样本位置，表达式为 $\langle (x_1, y_1), (x_2, y_2) \rangle$，将这些数据存入 xml 格式的文件中，作为学习样本时的标注信息。对影像进行检测时，会将所有同类目标检测出来，并用矩形框表示目标所在区域。每个目标有一个得分值，将这些得分值从大到小排列，对于单一目标，得分最高的检测框即为目标对象所在位置。

　　本节主要目的是验证可变形部件思想在道路交叉口模型构建、检测中的效果。验证过程分为两步：模型构建实验和目标检测实验。模型构建实验是验证算法对不同类型道路交叉口模型(混合模型)建模是否正确，通过目视观察，判断根滤波器与部件滤波器位置构建是否合理、部件是否完整等。目标检测实验是验证算法对多源遥感影像道路交叉口区域检测效果，利用训练得到的模型参数对实际影像进行搜索，统计搜索结果的正确率与漏检率，同时观察检测结果是否将道路交叉口区域全部包含在内，即判断检测位置精度是否满足道路提取要求。

　　利用大量多源遥感影像采集道路交叉口样本，每种类型的道路交叉口样本数目为 200，共 800 个样本，样本中数据源包括 SPOT-5、IKONOS、QuickBird、GoogleEarth、WorldView-2、GeoEye-1 等高分辨率全色与多光谱影像数据。构建模型时未将直线路段进行建模，原因是为了提高道路提取的正确性，可采用匹配搜索法进行提取。对丁字形和十字形道路交叉口模型进行训练获得的混合模型如图 5.4 和图 5.5 所示。

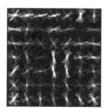

图 5.4　训练得到的丁字形道路交叉口可变形部件模型

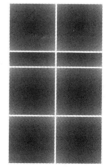

图 5.5　训练得到的十字形道路交叉口可变形部件模型

利用图 5.4 和图 5.5 训练的模型对影像进行检测，利用矩形对检测结果进行标注，分别利用不同分辨率多源遥感影像进行验证实验，通过目视观察及定量分析评价道路交叉口检测的精度。定量评价时将算法成功检测出的道路交叉口目标与人工判读得到的交叉口目标个数进行比较，统计检测正确率；将算法错误检测的目标个数与所有检测出的目标个数进行比较，统计检测漏检率。

分别挑选包含单个交叉口目标及多个不同类型交叉口目标的影像进行验证，检测结果如图 5.6 所示。

(a) 单目标丁字形路口原始图像

(b) 丁字形路口根和部件检测位置

(c) 单目标十字形路口原始图像

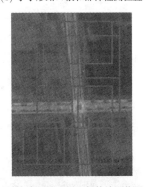
(d) 十字形路口根和部件检测位置

(e) 多目标丁字形路口原始影像

(f) 多目标丁字形路口根和部件检测结果

(g) 多目标十字形路口原始影像　　　　(h) 多目标十字形路口根和部件检测结果

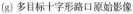

图 5.6　道路交叉口目标检测结果(见彩图)

图 5.6(a)～(d)为对单个交叉口目标模型的构建及检测结果，图 5-6(e)～(h)为对包含多个交叉口目标的检测结果。从目视效果可以看出，利用可变形部件模型能够对不同类型交叉口进行建模，图 5-6(a)、(e)中丁字形道路交叉口邻域存在的干扰因素较多(包括车辆压盖、地物阴影遮挡等)，算法能够克服影像噪声干扰，获得较好的检测结果。图 5-6(c)、(f)影像色调较暗，道路与周围地物差异不明显，图 5-6(c)中十字形交叉口与标准十字形路口存在偏移，图 5-6(f)中十字形交叉口形状规则与标准模板偏移量小，从算法检测效果来看，算法检测的十字形交叉口数量全面、位置准确，可以为后续道路连接提供条件。

利用可变形部件模型对整幅不同分辨率多光谱影像进行交叉口检测识别，结果如图 5.7 所示。

(a) 1m分辨率航空影像　　　　　　(b) 1m分辨率航空影像道路交叉口检测结果

(c) 2.4m分辨率QuickBird卫星影像

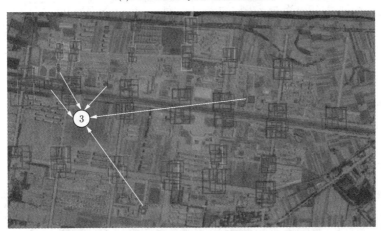

(d) 2.4m分辨率QuickBird彩色影像道路交叉口检测结果

图 5.7　不同分辨率影像道路交叉口提取实验(见彩图)

　　图 5.7 中，分别选用航空影像及卫星影像进行交叉口提取实验，影像 1 见图 5.7(a)，影像 2 见图 5.7(b)。其中，图 5.7(c)、(d)为算法提取的结果，红色矩形框表示丁字形交叉口检测结果，黄色矩形框表示十字形交叉口检测结果，蓝色矩形框表示交叉口目标部件滤波器位置。影像 1 为 1m 分辨率航空影像，影像为包含居民地的道路影像，影像上存在植被遮挡，从提取结果来看，能够较完整提取不同类型道路交叉口。影像 2 为 2.4m 分辨率的 QuickBird 卫星影像，影像上道路为田间公路，干扰因素较多，延伸至居民地中的道路分支较多，不易辨认，从提取效果来看，对居民地外交叉口目标识别效果明显优于居民地中交叉口识别效果，且居民地中交叉口检测的漏检率较高，十字形交叉口检测存在明显错误，这

是居民地中道路较窄、受周围地物影响所致。对上述两幅影像交叉口目标检测正确率、错误率、漏检率进行统计，结果如表 5.1 所示。

表 5.1　不同类型影像交叉口检测精度统计

影像种类	人工判读交叉口总个数	算法检测出的交叉口个数	算法正确检测个数	算法错误检测个数	算法漏检个数	正确率/%	完整率/%
影像 1	15	12	11	1	3	91.67	73.33
影像 2	28	33	28	5	0	84.85	100

影像 1 中检测出的交叉口目标个数为 12，其中正确检测的个数为 11，错误检测的个数为 1(如图 5.7 标识①处)，漏检个数为 3(如图 5.7 标识②处)，人工判读的交叉口总个数为 15。影像 2 中检测出的交叉口目标个数为 33，正确检测的个数为 28，错误检测的个数为 5(如图 5.7 标识③处)，漏检个数为 0，人工判读的交叉口总个数为 28。正确率及完整率计算公式为：正确率=算法正确检测个数/算法检测出的交叉口个数，完整率=算法正确检测个数/人工判读交叉口总个数。从统计结果来看，算法对丁字形、十字形交叉口有较好的识别效果，正确率高于 84%，算法检测的完整率较高，影像 2 中完整率达 100%，这可为后续交叉口精度提取提供基础。

利用高分辨率影像将新算法与基于模板匹配的交叉口检测算法进行比较，实验结果如图 5.8 所示。

(a) 2m分辨率GeoEye-1原始影像　(b) 模板匹配方法道路交叉口检测结果　(c) 本章所提算法道路交叉口检测结果

图 5.8　不同算法道路交叉口检测对比实验(见彩图)

从目视效果来看，基于模板匹配的检测方法仅可将形状规则的交叉口目标检测出来，当交叉口分支变形较大时，检测效果较差，本章算法由于将交叉口各个部件位置作为隐藏变量进行训练，可以较好地克服形状变形的影响，能够检测不同姿态的交叉口目标，如图 5.8 中标记①、②处的目标，可以很好地识别。对两种算法正确率进行对比，统计结果如表 5.2 所示。

表 5.2　不同类型影像交叉口检测精度统计

算法种类	交叉口总个数	正确检测个数	正确率/%	错误检测个数	漏检个数
模板匹配算法	16	8	50.00	1	8
本章所提算法	16	14	87.50	1	2

从统计结果来看，本章所提算法在检测正确率、完整性上有明显优势，漏检个数比模板匹配算法少，正确率更高，说明利用可变形部件思想对交叉口进行建模是先进的、可行的，可为后续道路连接作基础数据使用。

5.5　本　章　小　结

道路交叉口是组成道路网拓扑结构的重要目标之一，道路交叉口位置检测与其类型识别可为道路网构建提供重要辅助信息。本章内容围绕道路交叉口概略位置获取方法展开研究，利用道路交叉口形状、光谱特征与可变形部件模型理论之间的相互联系构建道路交叉口目标的可变形部件模型。将交叉口视为由中心位置与道路分支组成的目标模型，选取道路交叉口方向梯度直方图特征作为目标特征，通过模型初始化、模型学习等过程，获取目标模型参数，形成道路交叉口匹配模型。在此理论基础上，利用多幅遥感影像进行实验验证。结果表明，本章所提算法能够较完整地检测影像中的丁字形路口与十字形路口目标，正确率高于 84%。由可变形部件模型特点可知，本章所提算法能够获取交叉口概略位置，但无法准确获取交叉口中心位置及分支方向，为了准确提取交叉口位置及道路分支方向，还需进一步利用交叉口同质区域特征对提取结果进行处理。

第6章　基于语义规则的道路交叉口准确位置获取

基于可变形部件模型的交叉口检测方法可获取影像交叉口概略位置，但无法获取交叉口区域中心准确位置及道路分支方向。为了构建整幅影像道路网拓扑结构，需利用一定方法从可变形部件模型算法检测结果中准确提取交叉口位置并识别道路分支方向。本章在第 5 章研究的基础上将交叉口对象视为由同质区域像素集合及区域轮廓边界构成的面对象，综合利用交叉口区域辐射、纹理特征及边界形状、梯度特征构建交叉口对象模型，并利用语义规则对其特征进行描述，然后通过特征语义匹配方法提取交叉口同质区域并识别交叉口类型。提取过程分为两步：①利用辐射、纹理特征语义匹配提取交叉口候选区域；②通过几何特征语义匹配筛选候选区域、识别交叉口属性。利用多源遥感影像对算法正确性及合理性进行验证。结果表明，算法能准确、完整地提取道路交叉口，提取效果优于基于模板匹配和基于形状约束的算法，可为影像道路网构建提供辅助信息。

6.1　道路交叉口模型构建

6.1.1　道路交叉口同质区域特征描述

遥感影像分辨率的提高为获取解译影像道路网提供了可能，道路网的检测在地理信息系统(geographic information system, GIS)地理数据的更新与纠正、多光谱影像地物变化检测、城市规划等领域具有重要应用价值。这些应用不仅需要检测道路网，还需要对道路交叉口进行准确识别。高分辨率影像上道路与道路交叉口的几何与光谱特征如下：

(1)同一幅影像上道路特征具有多样性(如道路的宽度、亮度、阴影情况等)。

(2)道路交叉口类型较多。

(3)由于存在影像噪声或者道路与周围地物存在物理连接关系，道路往往延伸到周围场景中。

(4)道路宽度基本固定，道路在影像上为细长的线结构特征，同一条道路的宽度一般是固定的，当存在车辆与阴影的干扰时，道路宽度会发生改变。

(5)方向矩形特征明显，道路上每个像素一定范围的邻域表现为一个同质区域，形状上表现为各向异性的矩形区域，即沿道路方向，像素同质区域及其分支近似于矩形区域。

(6)对比度特征明显，道路的色调与周围地物有明显差异。

道路同质区域是被影像道路边界包围像素的集合，通常情况下，道路同质区域的色调基本保持一致，纹理特征均匀，与其他地物差别明显。道路同质区域通过道路边界与周围地物进行区分，道路边界在影像上具有明显的几何特征和光谱特征。从几何特征来看，道路边界反映了道路的基本轮廓形状，边界曲线方向与道路前进的方向基本一致；从光谱特征来看，道路边界是从道路过渡为其他地物的分界线，通过目视观察可以明显看到边界位置，其梯度变化较大。另外，道路边界两侧的地物通常情况下不是同一类地物，故在边界点一定区域内纹理、色调变化较大。利用道路边界的这些特点可以将道路交叉口附近同质区域提取出来，这对后续判断交叉口类型是必要的。

高分辨率影像上道路具有明显的边界特征，在边界两侧道路与周围地物光谱特征有明显差异，道路边界处的梯度值会呈现局部极值，图 6.1 反映了道路边界处的梯度特征。

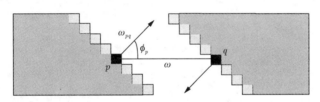

图 6.1　道路边界梯度示意图

图 6.1 中，p 点与 q 点为道路同一水平位置的道路边界点，满足以下关系：

(1)p 点的梯度方向与 q 点的梯度方向近似相反。

(2)如果 ω 表示从 p 点到 q 点的矢量，ω_{pq} 表示与 p 点梯度方向相同且模为理想道路宽度的矢量，那么 ω 与 ω_{pq} 的方向夹角与距离应该满足 $\|\omega\|\cos\phi_p \approx \|\omega_{pq}\|$。

利用真实遥感影像数据对道路边界梯度进行统计，获得的道路梯度值变化如图 6.2 所示。

由图 6.2 可以看出，在边界处梯度会呈现出局部极值，这与影像上道路光谱特征是相对应的。利用这个特点可以辅助道路边界的提取，将其与周围其他地物区域分开。

一般情况下，影像上沿道路方向像素的纹理特征均匀，色调变化小，道路上任一区域的方差与非道路区域相比相差较大，尤其在道路边界处，从道路区域变化为非道路区域时，这种特点更加明显。图 6.3 和图 6.4 显示了不同道路影像局部区域的方差分布情况，其中计算方差的窗口大小为 5×5 像素。

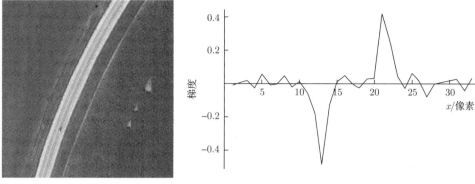

(a) 道路边界示意图　　　　　　　　　　(b) 沿水平方向计算的道路边界梯度值

图 6.2　影像道路边界梯度值计算结果

(a) 全色影像道路示意图　　　　　　　　　　(b) 方差计算结果

图 6.3　全色影像道路与周围地物方差计算结果

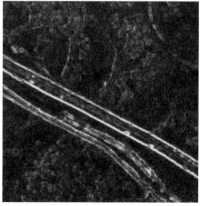

(a) 多光谱影像道路示意图　　　　　　　　　(b) 方差计算结果

图 6.4　多光谱影像道路与周围地物方差计算结果

图 6.3 和图 6.4 中亮度大小反映像素区域方差大小，可以看出，在边界处窗口的方差与边界两侧相比有明显差异，其方差会在局部区域中呈现极值。由此，本章提出基于同质区域的高分辨率影像交叉口模型构建方法，将道路交叉口表示为具有特定边界形状的同质区域面对象。交叉口模型由三部分构成：同质区域中心点、区域像素集合、区域边界。其中，同质区域中心点代表交叉口的空间位置特征；区域像素集合反映交叉口辐射、纹理特征；区域边界形状反映交叉口道路分支个数。交叉口模型构建步骤分两步：①计算交叉口同质区域；②制定交叉口同质区域语义规则。遥感影像上道路与周围地物存在明显边界，边界处最显著的特征是梯度特征，边界像素梯度会呈现极值，因此可通过方向-梯度操作获取同质区域。

6.1.2　道路交叉口同质区域计算

很多研究使用方向-角度操作来获取道路段区域，使用方向操作的优点在于能够将二维的图像亮度分布转换为若干一维亮度函数集合，这更加便于通过比较亮度函数的差异来计算各向异性的同质区域的结构方向。在计算过程中，这种方法以当前像素点为圆心，以固定长度为半径，从圆心到圆周上任一点的线段称为散射线，整个圆周由若干条散射线组成，散射线个数与相邻散射线之间夹角有关。利用方向—角度操作进行图像处理时，将图像上二维光谱信息转换为散射线上光谱函数的集合，搜索过程是沿圆心指向圆周的散射线方向进行的(Jin et al., 2005; Negri et al., 2006)。

本章利用方向-梯度方差操作计算交叉口同质区域时，以当前像素为中心，构建半径为 m 的圆形搜索区域，整个圆周区域可以用一组散射线的集合表示 $S_i(\varphi_i, m)(i = 0,1,\cdots,4n-1)$，其中 $\varphi_i = \pi/(2n)$ 表示相邻两散射线之间的夹角，以点 p 为中心的含有 $4n$ 个散射线的所有像素集合表示为 $W(p,n,m)$。利用散射线与道路边界相交时的特征可以计算当前像素的同质区域，搜索过程不需要先验知识。计算时从中心点开始，沿散射线逐方向、逐像素进行搜索，当遇到道路边界时，像素梯度值发生显著变化，而且边界处像素光谱特征值与同质区域内部光谱特征之差也会呈现极值，利用这两个特点可获取道路同质区域边界点，将这些特征值发生显著变化的边界点依次连接，形成道路同质区域的封闭多边形，示意图如图 6.5 所示。

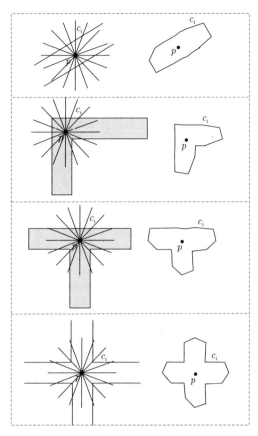

图 6.5 基于方向-梯度方差操作的交叉口同质区域计算示意图

计算散射线与道路边界的交点时，当前像素点与中心点 p 的灰度差值和该点到 p 点的距离有关时，像素点距离 p 点越远，灰度差异越大。当像素点位于道路边界或道路区域外部时，其灰度差异明显增大。假设 S_i 为以 p 点为中心第 i 个方向的散射线，则散射线与道路边界交点的 c_i 可以通过下式求得：

$$\begin{cases} \left| I(c_i) - I(p) \right| \geqslant \sigma(W(p,n,m)), & 0 \leqslant i \leqslant 4n \\ \left| G(c_i) - G(p) \right| \geqslant \mu(W(p,n,m)), & 0 \leqslant i \leqslant 4n \end{cases} \tag{6.1}$$

式中，$\sigma(W(p,n,m))$ 为 $W(p,n,m)$ 的灰度标准差；$\mu(W(p,n,m))$ 为 $W(p,n,m)$ 的梯度均值。通常情况下，不同的像素点其标准差与梯度值是不同的，故式(6.1)具有自适应性。

　　根据以上原理，获得每个散射线方向与道路边界交点后，由于影像上道路具有各向异性的特点，道路与散射线交点 c_i 与 p 点距离 $\|c_i - p\|$ 的大小会随着道路方向不同而不同。如果将这些交点沿逆时针方向依次连接，那么可以得出道路交叉口附近的封闭边界，封闭边界包围的区域即为道路交叉口同质区域。可见，道路交叉口的同质区域可以用一个多边形区域表示，多边形的形状特征与道路交叉口的特征相似。

　　利用本章所述算法对遥感影像检测的道路交叉口同质区域如图 6.6 所示。

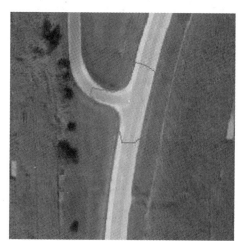

图 6.6　道路交叉口同质区域计算结果(见彩图)

　　为了形象地表达道路交叉口模型特征，本章将交叉口同质区域特征描述为相应的特征语义规则，利用语义信息对交叉口同质区域特征进行表达，这样使得模型更加丰富、灵活，便于计算机识别处理。

6.1.3　交叉口模型语义规则描述

　　遥感影像上道路与居民地、植被等地物色调、形状存在明显差异。在高分辨率遥感影像中，道路交叉口作为道路的组成部分，具有道路的普遍特征，同时又有交叉口的特殊性，其特殊性主要体现在几何形状特征上，表现为：①不同类型交叉口边界形状不同，根据分支个数可分为丁字形交叉口与十字形交叉口；②每种类型交叉口分支之间的夹角基本固定。综合以上特征，利用特征语义对交叉口目标特征进行描述，如图 6.7 所示。

(a) 丁字形路口示例　　　　　　　(b) 十字形路口示例

(c) 非道路交叉口

图 6.7　道路交叉口语义描述示意图(见彩图)

6.2　交叉口目标提取流程

　　本节联合交叉口同质区域的光谱特征、边界几何、梯度特征完成交叉口位置提取与类型识别。算法提取过程分两步：①提取候选交叉口；②筛选并判别交叉口属性。首先通过人机交互方式获取典型交叉口区域辐射、纹理特征，然后对影像进行遍历搜索，利用方向-梯度操作计算当前像素同质区域并统计区域特征，通过辐射、纹理特征语义匹配搜索候选交叉口区域，对候选同质区域边界进行 8-方向编码，并引入道路交叉口几何特征语义判断交叉口的属性与类别。算法提取流程如图 6.8 所示。

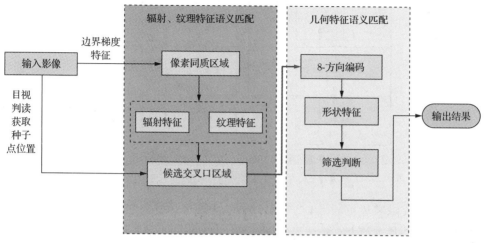

图 6.8　基于语义规则的交叉口提取方法流程图

6.2.1　候选交叉口区域提取

算法第一步是根据道路辐射、纹理特征提取候选交叉口区域。由图 6.7 可知，一定影像范围内，道路自身特征变化较小，道路与其他地物视觉特征(颜色、纹理)存在明显差异，本章采用辐射、纹理特征语义匹配的方法提取候选交叉口，将与种子点区域特征相似的像素同质区域作为候选交叉口区域：

$$|T(W(p,n,m)) - T(\text{seedArea})| < \delta_{\text{T}}$$
$$|M(W(p,n,m)) - M(\text{seedArea})| < \delta_{\text{M}} \tag{6.2}$$

式中，$T(W(p,n,m))$ 表示当前像素同质区域纹理特征值；$T(\text{seedArea})$ 表示种子点邻域纹理特征值；δ_{T}、δ_{M} 分别为纹理特征、光谱特征阈值。根据种子点特征值设定相应阈值，这样可使算法具有自适应功能，即 $\delta_{\text{T}} = 2\sigma_{\text{T}}(W(p,n,m)), \delta_{\text{M}} = 2\sigma_{\text{M}}(W(p,n,m))$。

6.2.2　交叉口筛选及判别

算法第二步根据道路交叉口几何特征筛选、判别交叉口属性，这是通过几何特征语义匹配完成的。几何特征语义匹配计算是在对同质区域边界进行编码的基础上完成的。常用的编码方法有 4-方向编码与 8-方向编码，两种编码方法的示意图如图 6.9 所示。

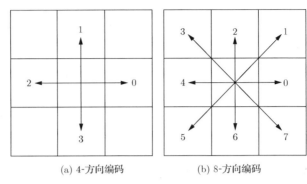

(a) 4-方向编码　　　　　　　(b) 8-方向编码

图 6.9　4-方向编码与 8-方向编码的示意图

由已有文献表述可知，4-方向编码方法中图像边界与实际边界存在差异，8-方向编码方法基本符合真实边界(和小娟等，2011)。本节采用 8-方向编码方法对同质区域边界进行编码，编码效果如图 6.10 所示。

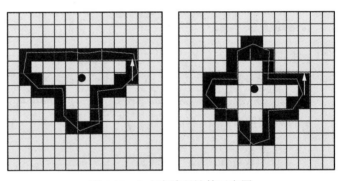

图 6.10　8-方向编码计算示意图

图 6.10 中，箭头是边界起始编码像素及方向，编码完成后，可通过像素坐标操作判断区域是否关于中心线对称。由图 6.10 可知，沿道路交叉口分支方向的边界点与中心点之间的距离最远，故可比较边界处像素与中心点的距离判断分支的方向与个数，并计算分支之间的夹角。

在此基础上，利用最小方向包围盒(minimal oriented bounding box，MOBB)对同质区域的形状进行约束(王天柱，2006)。最小方向包围盒最早是由 Gottschalk 于 1996 年提出的(Gottschalk et al.，1996)。对于一个给定的对象，其方向包围盒定义为能够包含几何对象并且面积最小的六面体。针对二维坐标系下的对象，最小方向包围盒是指能够包含几何对象并且面积最小的矩形，如图 6.11 所示。

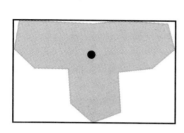
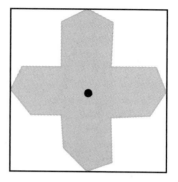

图 6.11　二维对象方向包围盒示意图

丁字形与十字形道路交叉口分支不同，形状不同，其在最小方向包围盒中所占面积比例不同，最小方向包围盒的边长也不同，通过对不同影像、不同类型交叉口同质区域进行实验，对道路交叉口同质区域制定以下约束条件：

(1)丁字形交叉口同质区域面积约占方向包围盒面积的 75%。

(2)丁字形交叉口最小方向包围盒的长边约为短边长度的两倍。

(3)十字形交叉口同质区域面积占方向包围盒面积的 50%以上。

(4)十字形交叉口最小方向包围盒的长边长度与短边长度近似相等。

以上约束条件的形式化描述为

$$\frac{T(F)}{T(\mathrm{MOBB}(F))} \approx 75\% \text{ 且 } \frac{T(\mathrm{MOBB}(F))\text{的长边}}{T(\mathrm{MOBB}(F))\text{的短边}} \approx 2 \tag{6.3}$$

$$\frac{X(F)}{X(\mathrm{MOBB}(F))} \geqslant 50\% \text{ 且 } \frac{X(\mathrm{MOBB}(F))\text{的长边}}{X(\mathrm{MOBB}(F))\text{的短边}} \approx 1 \tag{6.4}$$

在上述语义规则约束下，通过遍历搜索影像像素点可获得与交叉口特征语义相符的像素点位置，并利用交叉口同质区域边界梯度特征计算交叉口轮廓边界，在此基础上，需对由交叉口边界构成的多边形形状进行分析，判断交叉口类型与道路分支个数。本章借鉴 Hu 等设计的方法(Hu et al., 2007)，根据同质区域边界像素与中心点之间距离函数判断交叉口类型和分支个数。由道路连通性特征可知，交叉口区域内沿道路分支方向的光谱特征与此方向上的道路光谱特征相近，沿道路分支方向上中心点到边界像素点的距离会呈现极大值，分别对真实影像中不同类型路口同质区域边界进行实验，绘制中心点到边界像素距离函数，将并结果在二维坐标系中表示，如图 6.12 所示。

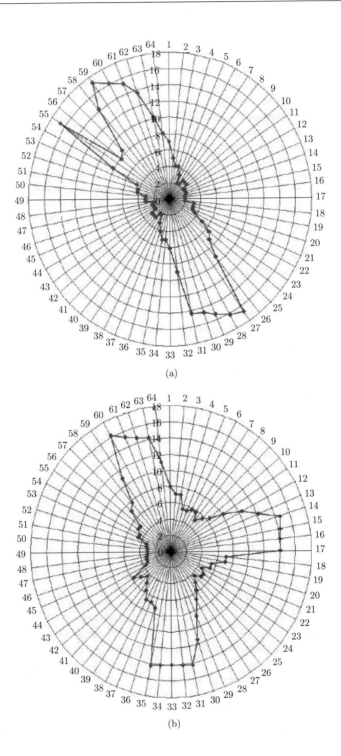

(a)

(b)

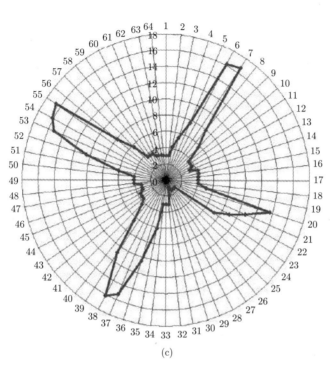

(c)

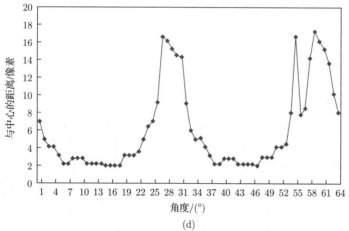

(d)

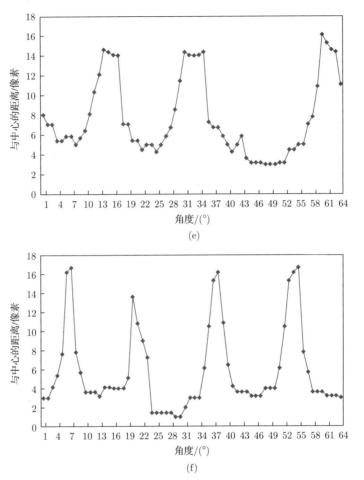

图 6.12　不同类型道路交叉口同质区域边界距离函数示意图(Hu et al., 2007)

图 6.12(a)～(c)显示了从真实遥感影像中获取的不同类型的道路同质区域，图 6.12(d)～(f)分别为获取的相应道路交叉口同质区域边界像素到区域中心点的距离示意图。其中，图 6.12(b)为丁字形道路交叉口，从图 6.12(e)中可以看出其同质区域边界点到中心的距离函数呈现三个峰值；图 6.12(d)为某十字形道路交叉口，从图 6.12(f)中可以看出其同质区域边界点到中心的距离函数呈现四个峰值；说明沿道路方向上的距离函数会呈现峰值。但是，从图 6.12(a)中可以观察到，其不满足这种关系，从图 6.12(d)中可以看出，在同质区域的最优峰值附近还存在很多小的高峰值，这是由存在的干扰因素造成的。为了准确判断道路交叉口类型，需要将这些小高峰值进行过滤，以保留那些代表道路方向的最优峰值。

受路面干扰因素的影响，检测到的多边形距离峰值并不能完全代表道路方向，在同质区域距离函数分布图中，最优方向附近可能存在许多小峰值，对这些峰值需要进行合并，从而筛选出最优峰值作为道路方向，各个峰值的距离及相邻峰值之间间隔是判断筛选最优峰值的主要依据。

算法计算原理是基于直方图中求取峰值的思想，首先计算所有局部区域中的峰值作为候选峰值，对候选峰值通过去除小峰值、合并相邻峰值筛选最优峰值，具体步骤如下。

假设同质区域中心到边界点距离函数为 $\delta(i)$，$0 \leqslant i < 4n$ 表示从水平方向开始散射线方向的索引值，$4n$ 表示散射线个数。

(1) 对 $\delta(i)$ 进行平移，使得 $\delta(0)$ 小于所有距离的平均值 $\mathrm{avg}\{\delta(i)\}$，目的是避免候选峰值分裂。

(2) 搜索所有局部区域内距离函数的峰值，将当前搜索邻域内的极值作为峰值。

$$\begin{aligned} \delta(i) &> \delta((i-1+4n)\bmod(4n)) \\ \delta(i) &> \delta((i+1)\bmod(4n)) \end{aligned} \tag{6.5}$$

(3) 去除小峰值：如果峰值与最大峰值之商小于阈值，那么将其去除，设峰值最大值为 $\delta_{\max}$，对于任一候选峰值 $\delta(j)$，如果 $\delta(j)/\delta_{\max} < \varepsilon_1$，那么将峰值 j 去除。此外，那些小于距离平均值的峰值也需要去除。

(4) 将相邻或相近的峰值进行合并：对于峰值 $\delta(i_1)$ 和 $\delta(i_2)$ $(i_2 > i_1)$，如果 $|i_2 - i_1| < \varepsilon_2$ 或 $|4n - i_2 + i_1| < \varepsilon_2$，那么将两个峰值合并，取峰值较大者作为最优峰值，$\delta(j) = \max\{\delta(i_1), \delta(i_2)\}$。

(5) 如果两个峰值之间形成的"山谷"不明显，那么去除峰值较小者。假设 δ_{avg} 表示两个相邻峰值 i_1、i_2 的平均值，$\delta_{\mathrm{avg}} = \sum\limits_{j=i_1}^{i_2} \delta(j)/(i_2 - i_1 + 1)$，如果 $2\delta_{\mathrm{avg}}/[\delta(i_1) + \delta(i_2)] > \varepsilon_3$，那么认为两个峰值之间的"山谷"不足以将两个峰值分裂，保留其中较大的峰值为最优峰值。

参数 ε_1、ε_2、ε_3 是通过实验获取的，$\varepsilon_1 = 0.25$，$\varepsilon_2 =$ 辐条数 $/8$，$\varepsilon_3 = 0.8$。此外，如果两个峰值的夹角小于 $\pi/4$，那么将这两个峰值合并。

确定最优峰值后，根据最优峰值的数目判断道路交叉口的类型，分为以下三类。

(1) T 形路口，具有 3 个峰值。

(2) X 形路口，具有 4 个峰值。

(3)其他形状路口，具有 4 个以上峰值。

确定同质区域的最优峰值后，道路的方向为出现最优峰值的散射线方向，根据最优峰值个数可以确定当前像素点区域交叉口类型。

6.2.3　交叉口道路分支方向计算

计算交叉口道路分支方向对搜索道路节点具有重要作用，可为道路搜索方法提供初始方向，是构建道路网的基础。对交叉口同质区域特征分析可知，以同质区域中心为圆周的各个方向中，沿每一道路分支方向同质区域内辐射、纹理特征变化最小，沿非道路分支方向特征变化较大。根据此特点，以交叉口中心位置为圆心构建圆周搜索区域(图 6.13)，搜索区域由一系列矩形区域等间隔旋转得到。

图 6.13　道路交叉口分支方向计算原理

图 6.13 中，矩形区域的宽度约等于道路宽度，长度约为宽度的 4 倍，对任一方向矩形计算其区域内光谱特征值，与交叉口同质区域特征最相似的方向为道路方向。道路宽度及矩形区域特征计算方法将在第 7 章详细介绍，这里不再赘述。

6.3　实验与分析

本节主要目的是验证算法检测多源遥感影像上不同类型道路交叉口的效果。实验验证分为两部分：算法的正确性验证和算法的效率分析。通过目视观察及定量分析评价道路交叉口检测的精度。定量评价时将算法成功检测出的道路交叉口目标与人工判读得到的交叉口目标个数进行比较，统计检测正确率；将算法错误检测的目标个数与所有检测出的目标个数比较，统计检测漏检率。

6.3.1　算法的正确性验证

分别挑选 WorldView-2 卫星多光谱影像、高分辨率航空影像、SPOT-5 卫星全色影像进行检测实验，检测结果如图 6.14 所示。

(a) 1.8m分辨率WorldView-2卫星多光谱影像　　　(b) WorldView-2卫星多光谱影像交叉口提取结果

(c) 1m分辨率航空影像　　　　　　　　　　(d) 航空影像交叉口提取结果

(e) 2.5m分辨率SPOT-5卫星全色影像　　　　　　(f) SPOT-5卫星全色影像提取结果

图 6.14　多源影像道路交叉口提取实验(见彩图)

图 6.14(a)、(c)、(e)为不同类型遥感影像，图 6.14(b)、(d)、(f)为算法检测交叉口结果，图 6.14(a)为 1.8m 分辨率的 WorldView-2 卫星多光谱影像，图 6.14(c)为 1m 分辨率的航空影像，影像中道路为城市居民区的水泥道路，道路色调较亮，道路边界特征显著，与周围地物差异明显。提取结果中，红色圆形区域为人工选取的种子点区域，粉色多边形区域为提取的交叉口同质区域。从目视提取效果来看，算法能够对丁字形、十字形路口较好识别，路口检测位置准确，但算法对有树木、阴影遮挡的场景检测效果较差，如图 6.14 标识的①、②、③处，由于存在地物遮挡，道路交叉口同质区域边界特征不明显，无法准确判断边界的形状。图 6.14(e)为 2.5m 分辨率的河南登封地区 SPOT-5 卫星全色影像，道路较窄，影像上道路目标周围场景复杂且干扰因素较多，从检测目视效果来看，算法检测的完整性较高，检测出的交叉口位置基本可表示道路网拓扑结构，对于存在树木遮挡的情况，算法检测的效果较差，如图 6.14 标识的④处。图 6.14 标识的⑤处为算法检测错误的位置，由于该区域形状与丁字形路口形状、光谱特征相似，因此算法会产生误判。

对图 6.14(a)、(c)、(e)交叉口目标检测的正确率进行统计，结果如表 6.1 所示。

表 6.1　不同类型影像交叉口检测精度统计

影像种类	人工判读交叉口总个数	算法检测出的交叉口个数	算法正确检测个数	算法错误检测个数	漏检个数	正确率/%	完整率/%
影像(a)	11	6	5	1	5	83.33	45.45
影像(c)	15	10	10	0	5	100	66.67
影像(e)	11	9	7	2	4	77.78	63.64

从统计结果的正确率看，算法对丁字形、十字形交叉口有较好的识别效果，提取的交叉口正确率较高，平均正确率约为 87.04%。从统计结果的完整性来看，算法对图 6.14(a)的交叉口提取完整性最差，这是由图 6.14(a)交叉口区域地物阴影遮挡严重(如图 6.14 中标识①、②处)、同质区域边界计算错误所致，图 6.14(a)标识③处为算法交叉口判断错误之处，受地物阴影影响，算法将十字形路口误判为丁字形路口。从统计结果的漏检率看，当场景中交叉口区域被树木或其他地物遮挡时，算法的漏检率较高，这个问题可在构建道路网过程中利用道路网连通性特征进行解决。

为了验证本章算法的优越性，这里将其分别与基于模板匹配的提取方法、基于形状约束的提取方法进行对比，挑选一幅 2m 分辨率 GeoEye-1 多光谱影像进行提取实验，通过目视观察和定量分析对比提取效果。利用高分辨率影像将本章算法与两种提取算法进行对比，实验结果如图 6.15 所示。

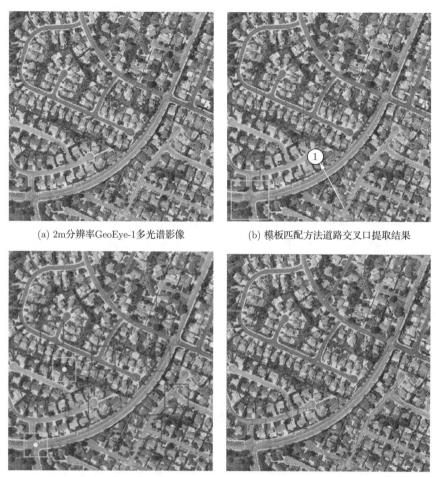

(a) 2m分辨率GeoEye-1多光谱影像　　　　(b) 模板匹配方法道路交叉口提取结果

(c) 形状约束方法道路交叉口提取结果　　　(d) 本章算法道路交叉口提取结果

图 6.15　不同算法道路交叉口提取对比实验(见彩图)

　　图 6.15(b)、(c)中，红色方框表示丁字形道路提取结果，黄色方框表示十字形道路提取结果，图 6.15(c)中方框中心表示提取的交叉口中心位置，图 6.15(d)中提取结果与图 6.14 一致。从目视效果来看，本章算法提取的完整性比其他两种算法好，正确率较高。基于模板匹配的提取方法仅可将形状规则、边界明显的交叉口目标提取出来，漏检率较高；基于形状约束的提取方法交叉口位置提取精度较低，错误率高(图 6.15 中错误提取个数为 4)，容易将具有与交叉口相似形状的其他地物误识别为道路，这是因为算法对交叉口辐射、纹理特征考虑不足。本章算法由于综合利用种子点邻域光谱特征、交叉口目标形状特征对同质区域进行约束，

能够提取不同姿态的交叉口目标，完整率和正确率均较高。这里对两种算法正确率进行对比，统计结果如表 6.2 所示。

表 6.2 不同算法提取影像交叉口精度统计

算法种类	人工判读交叉口总个数	算法检测出的交叉口个数	算法正确检测个数	算法错误检测个数	算法漏检个数	正确率/%	完整率/%
模板匹配算法	16	7	6	1	9	85.71	43.75
形状约束算法	16	10	6	4	10	60	37.50
本章算法	16	11	11	0	5	100	68.75

从统计结果的正确性来看，本章算法提取出的交叉口数目最多，正确率最高，形状约束算法的提取结果最差，模板匹配算法提取的正确率优于形状约束算法，其出现错误提取的位置位于影像标识①处，此处交叉口区域特征不明显，干扰因素较多，导致匹配错误，而本章算法对此能够很好地识别。从统计结果的完整性来看，本章算法的完整率最高，优于其他两种算法。

6.3.2 算法的效率分析

为了对算法提取交叉口的处理效率进行分析，对本章算法与其他交叉口提取算法的处理时间进行比较，本章提取算法的处理时间为 3 个提取步骤计算时间之和，将算法提取效率与基于模板匹配算法、基于形状约束算法提取效率进行比较，实验影像为图 6.14(a)、(c)、(e) 及图 6.15(a)，依次将其标识为影像 1～4，各算法统计结果如表 6.3 所示。

表 6.3 不同算法提取影像交叉口计算效率统计

提取算法	处理时间/s							
	影像 1		影像 2		影像 3		影像 4	
模板匹配算法	84.327		79.609		98.081		61.387	
形状约束算法	40.126		42.608		51.267		46.589	
	39.417		40.123		49.610		47.903	
本章算法	T_1	T_2	T_1	T_2	T_1	T_2	T_1	T_2
	20.489	12.842	25.333	9.010	21.569	22.761	23.341	17.192

其中，本章算法计算时间 $=T_1+T_2$，T_1 表示利用可变形部件模型提取交叉口概略位置的时间，T_2 表示利用语义规则提取交叉口准确位置的时间。从表 6.3 中统

计结果来看，本章算法计算效率较高，约为模板匹配算法的两倍。本章算法与形状约束算法相比，两者的效率相当，从精度和效率综合对比分析可知，本章算法优于其他两种算法。

6.3.3　实验结论

通过以上理论分析及实验验证可得出以下结论：

(1)利用交叉口语义规则能够准确提取多源遥感影像交叉口位置，提取的平均正确率和完整率较高，本章算法提取效率约为模板匹配算法的两倍，本章算法综合提取效果优于其他两种算法。

(2)对算法正确提取交叉口对象进行分析可知，本章算法提取精度受交叉口同质区域影像边界特征影响较大，对于道路边界特征明显的交叉口，同质区域提取结果准确，边界轮廓形状规则，利用语义特征匹配方法可准确地进行筛选。此外，本章算法对郊区道路交叉口提取效果优于居民地中交叉口提取效果。

(3)对算法错误提取交叉口对象进行分析可知，本章算法提取交叉口的错误率较低，出现错误的位置多位于影像中与路面光谱特征相似、与交叉口形状相似的位置处，如图 6.15(e)中标识⑤处。此外，当搜索场景中存在地物遮挡、阴影等干扰因素时，本章算法的漏检率较高。

6.4　本 章 小 结

本章重点针对影像上道路交叉口准确位置获取与类型识别方法进行分析研究，在利用道路辐射、纹理、几何特征对交叉口同质区域特征进行描述基础上，提出了基于语义规则的影像交叉口提取算法。通过辐射、纹理特征语义匹配提取候选区域，通过几何特征语义匹配获取交叉口准确位置，并利用同质区域边界像素距离函数识别交叉口类型。利用多种影像数据进行实验验证，结果表明，本章算法对于丁字形、十字形交叉口具有较强的识别能力，能够准确提取影像上不同类型交叉口目标。由实验结果也可以看出，当搜索场景中存在地物遮挡、阴影等干扰因素时，本章算法的漏检率较高，这需要在后续工作中利用道路网的连通性进行解决。

第7章　道路交叉口间的路径搜索

交叉口提取的意义在于为后续道路网构建提供初始数据信息,在构建道路网过程中需用一定方法对交叉口之间道路段进行连接。本章重点对交叉口之间道路段节点匹配搜索与连接方法进行研究,首先采用改进的基于方向纹理特征道路提取方法匹配搜索道路中心线节点,然后利用最小二乘匹配及三次样条方法拟合道路曲线。由高分辨率影像道路特征可知,道路的宽度在同一路段上基本保持不变,道路的纹理特征均匀且与周围地物差异较大。因此,可将道路段视为由一系列具有相同纹理特征的矩形组成的带状目标,矩形的方向代表道路的前进方向。为了克服路面干扰因素对道路节点提取的影响,本章对基于方向纹理特征的道路提取方法进行改进,将路面视觉显著性特征与纹理特征混合使用,针对场景中无干扰因素及场景中存在干扰因素两种情况设计不同的处理方法。在道路曲线拟合中,利用最小二乘匹配算法插值中心线节点,然后利用三次样条函数对新旧节点进行拟合连接,获得最终的路段曲线。利用大量实验进行验证,结果表明,该方法对遥感影像上的直路、弯路、宽路、窄路、立交桥都能获得很好的提取效果,且搜索效率高于现有的道路提取算法。算法能够克服车辆存在、树木、阴影遮挡对道路提取的影响。与直接将节点连接方法相比,本章算法拟合后曲线曲率光滑,可视化效果好,且提取中心线精度高,可为地理信息系统提供矢量数据服务。

7.1　路径搜索算法基本思想

从遥感影像上智能提取道路中心线是遥感信息处理的难点问题之一(李德仁,2008)。现有的道路中心线提取方法可以分为两大类。第一类是间接搜索法,即首先采用线检测算子检测出图像上的线特征点,然后运用智能搜索算法从中找出道路中心线(Christophe et al.,2007;Gamba et al.,2006)。第二类是直接搜索法,即采用智能搜索算法直接在图像上搜索道路中心线(Gruen et al.,1997;唐伟等,2011;吴亮等,2011)。第一类方法步骤较多、过程复杂,道路中心线的提取效果与线检测的结果有关。第二类方法相对简单,提取结果主要与搜索方法、所用特征、构建的道路模型等有关。在实际应用中,后者可行性更高。

直接搜索法很多，Seung 等提出利用最小二乘匹配算法提取道路中心线的思想(Seung et al.，2010)，该算法首先选取方形区域模板作为道路种子点模板，将种子点与搜索点灰度特征进行最小二乘匹配更新道路节点，算法并未充分考虑道路其他特性，而且算法对初始种子点要求较高，对路面存在车辆、阴影等干扰因素时的情况适应性较差，效率较低。张睿等提出利用方向纹理特征及剖面匹配提取道路中心线的思想(张睿等，2008)，对路面含有中心线标志的道路取得了较好的效果，但对于道路初始搜索方向、道路宽度的计算是通过用户手动输入的，没有实现自动化；文献对于路面存在车辆、树木等干扰因素的场景采取的策略是进行人工辅助干预，算法智能程度较低。

本章对 Seung 等的设计算法存在的问题进行适当改进，完善张睿等运用方向纹理特征进行道路提取的思想，提出运用方向纹理特征(张睿等，2008；Zhang，2006)及路面视觉特征直接从遥感影像上匹配搜索道路中心线的思想，对方向纹理特征的改进之处包括：①设计了路面存在干扰因素(以车辆压盖、地物遮挡为例)时的道路提取策略；②充分利用影像上道路特点，实现了道路搜索方向、道路宽度的自动预测，道路种子点的位置校正，提高了提取精度和智能化程度。将道路段视为一系列具有相同纹理特征值的方向纹理矩形的组合，通过比较搜索点与种子点模板区域纹理特征的相似性来更新道路方向和节点，目的是快捷、准确地对影像上不同类型道路进行识别。与现有道路搜索算法相比，该方法直接对原始影像进行处理，充分利用道路原始信息进行搜索，保证了提取的可靠性；算法步骤简单，对初始道路信息依赖程度低，能够根据道路的宽度实时自动调整方向纹理矩形的长度和宽度，自适应能力强。

本章在详细介绍方向纹理特征原理的基础上，重点对利用改进方向纹理特征进行道路匹配搜索的方法进行研究，针对影像上存在干扰因素(以车辆压盖、地物遮挡为例)时的提取情况提出解决方案，设计并实现基于方向纹理特征的道路节点匹配搜索算法，并将其用于遥感影像上不同类型的道路提取，取得满意的实验效果，可为道路网路段连接提供方法与手段。

7.2　路径匹配搜索模型

为了对不同场景道路节点进行计算，本章根据路面是否存在干扰因素，将搜索场景分为三类：①路面无干扰因素；②路面存在车辆压盖干扰因素；③路面存在树木遮挡、阴影压盖等干扰因素。此外，将车辆、树木、阴影同时存在的情况归为场景③进行处理。上述三种场景中，最常用的是无干扰因素时的提取方法，对干扰因素的处理方法是以无干扰因素时提取方法为基础设计的。判断三种场景的依据是第 3 章所述的视觉显著性理论,在当前搜索区域中,不同场景路面视觉特征差异较大,视觉显著性值明显不同,本节利用视觉显著性理论对场景加以区分,并针对不同场景设计相应搜索策略。

7.2.1　基于视觉显著性理论的道路干扰因素特征分析

1. 车辆目标视觉特征分析

车辆压盖与地物阴影遮挡是遥感影像上道路的基本特征之一,当存在车辆压盖等干扰因素时,道路固有的灰度、纹理特征会发生改变,直接影响道路提取搜索的效果。为了提高道路提取的精度,有必要设计道路提取中针对干扰因素的处理策略。设计处理策略的首要前提是能够对干扰目标进行准确检测和识别,常用的车辆识别方法一般利用车辆的几何特征(紧致度、长宽比、面积等)及车辆的光谱特征进行检测(郑宏等,2009;刘珠妹等,2012),由于车辆的种类、颜色较多,影像上车辆表现的特征随机性很大,故仅利用几何与颜色特征进行检测的准确率难以保证,鲁棒性也较差。树木遮挡、阴影遮挡在影像上呈现的几何特征与树木形状、产生阴影地物形状及空间位置、摄影时太阳方位有关,其光谱特征表现为树木色调与其自身树种相关,阴影色调较暗,阴影遮挡区域与路面存在明显边界。

随着经济发展水平的提高,目前私家车拥有量逐年上升,据国家统计局最新数据显示,2012 年底北京全市机动车拥有量为 520 万量,其中私家车 407.5 万量,占总数的 78%,比 2011 年底增加 21.7 万,增速在 10%以上。汽车数量过快增长对城市规划部门及测绘影像生成有重要影响,尤其对高分辨率遥感影像而言,车辆更是不可忽略的要素之一。图 7.1 是两幅不同传感器获取的包含车辆压盖的遥感影像。

车辆在影像上呈现的主要特征包括光谱特征和空间分布特征(刘珠妹等,2012)。

1)光谱特征

光谱特征是由于地物光谱反射率不同而表现出不同的色调、颜色特征。由于车辆品牌众多,其颜色分布范围很广,影像上车辆呈现的主要色调以浅色和深色为主。浅色车辆亮度值大,在沥青等暗色调路面上特征明显,易于人眼识别;而在水泥等亮色调路面难以区分,深色车辆的特点与浅色车辆相反。

(a) 路面存在车辆压盖的卫星影像　　　　　(b) 路面存在车辆压盖的航空影像

图 7.1　路面存在车辆压盖的遥感影像

车辆目标在其周围的道路场景中，一般具有明显差异。本章将车辆目标所在区域视为目标区域，将路面场景区域视为背景区域，通过对目标与背景区域均值、方差、熵等纹理信息特征进行统计，总结车辆光谱特征，为后续构建视觉注意模型提供实验依据。

2)空间分布特征

车辆空间分布特征是指车辆几何形状特征、结构特征及空间位置关系。这些特征与影像分辨率具有直接关系，不同分辨率影像呈现的车辆空间分布也不同。在高分辨率遥感影像上，车辆一般表现为矩形或椭圆形，矩形的长宽与车辆类型有关，根据车辆在影像上像元个数将其分为小型汽车(3~6m)、客车(6~9m)、卡车(>9m)三种类型。此外，车辆的空间分布还具有纹理特征，例如，道路上一组车队可以视为具有纹理特征的目标。车辆与道路也存在一定的位置关系，例如，车辆的行驶方向与道路的方向近似平行，在交通不拥堵的情况下，车辆之间会保持一定距离。

可以明显看出，由于车辆的存在，道路光谱特征会发生改变，沿道路方向灰度、纹理比较均匀的特征会因车辆干扰而中断，对于低分辨率遥感影像，车辆所在区域很小，对道路提取的影响可以近似忽略；但对于高分辨率影像，这种影响是不容忽视的，车辆纹理特征会破坏道路固有的纹理分布情况，而且其颜色与周围道路有明显差异，对于大型车辆(卡车、公交车、客车等)，车辆在影像上的宽度近似等于道路宽度，这种情况下，道路会被完全压盖，目前的道路搜索算法用于解决此问题还不完善，一般是通过人工引导干预辅助算法完成本段道路的搜索。对于道路上车辆较多的影像，这种方法不仅操作复杂，而且智能化程度低，需要过多的人为干预，无法满足现代测绘实时性的要求。

基于以上分析，如果能够自动检测道路上车辆所在位置或区域，然后根据检测结果采取相应道路提取策略，那么会有效消除车辆压盖造成的影响，对影像道路提取意义重大，这也正是车辆目标识别的目的和意义。

2. 树木、阴影视觉特征分析

相对于车辆目标而言，树木遮挡、阴影遮挡对道路提取的影响方式、程度不同，影像上车辆目标一般形状、色调种类固定，且车辆的前进方向与道路方向一致，因此车辆目标对道路提取的影响是有一定规律可循的。道路两边树木种类繁多，不同气候、不同地理位置的城市适宜种植的植被类型不同，树木遮挡对道路提取的影响取决于树冠形状及摄影时镜头角度，某些情况下树木遮挡与树木产生阴影会同时呈现在影像上。阴影遮挡是由道路周围场景中高大建筑物、树木等地物产生的阴影而引起的，阴影的色调较暗，阴影的形状与产生阴影的地物轮廓有关，现将树木、阴影各自主要视觉特征总结如下。

1)光谱特征

树叶中叶绿素含量丰富，其颜色分布范围较小，在影像上呈现的色调主要以绿色为主。此外，树木具有独特的纹理结构，道路两旁成排的行树、茂密的树冠都具有植被的纹理特征，与道路纹理特征形成明显差异。高大建筑物或树木阴影区域光照量少，影像上信息量也相对较少，因此阴影区域色调偏暗。此外，无阴影干扰时遥感影像亮度分布均匀，色调一致，影像中存在阴影时，阴影附近区域灰度均衡性会受影响，图 7.2 显示的是树木、阴影遮挡时的道路影像。

(a) 路面存在树木遮挡时的道路影像

(b) 路面存在建筑物阴影遮挡时的道路影像

图 7.2　路面存在树木、阴影时的遥感影像

由图 7.2 可以看出，当路面存在树木、阴影遮挡时，遮挡区域与非遮挡区域视觉特征存在明显差异，通过目视观察可轻易将遮挡区域与道路背景区分开，这里将树木及阴影遮挡所在区域视为目标区域，将路面场景区域视为背景区域，通过对目标区域与背景区域的均值、方差、熵等纹理信息特征进行统计，总结其光谱特征，为后续构建视觉注意模型提供实验依据。

2) 空间分布特征

树木空间分布特征是指树木几何形状特征、结构特征及空间位置关系。树木在影像上几何形状不固定，道路两旁成排的行树几何特征明显，其排列方向与道路方向一致，行树之间距离与道路宽度近似相等。路面存在树木遮挡时几何形状与树冠的形状相近，树木遮挡区域大小与影像分辨率、树木种类有关。地物阴影区域的几何形状复杂，对路面产生影响较大，树木遮挡、阴影遮挡都会改变影像上道路原有形状结构，破坏道路连通性，是道路提取算法中必须考虑的问题。

3. 干扰因素显著性特征图计算

本次实验的目的是验证算法检测路面干扰因素的能力，挑选多组不同分辨率的影像计算其显著性特征图(单列，2008)，通过目视观察检测算法对车辆、阴影等地物的识别效果。实验时挑选三幅包含不同目标的影像进行处理，对三幅影像全局显著性特征检测的结果如图 7.3 所示。

图 7.3 中影像 1 为 1m 分辨率航空影像[图 7.3(a)左图]，场景中还有多个车辆目标，车辆类型种类较多；影像 2 为 2m 分辨率 WorldView-2 多光谱影像[图 7.3(b)

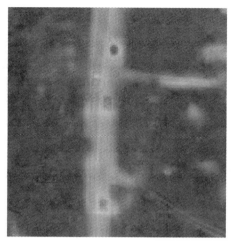

(a) 车辆压盖路面时显著图计算结果

(b) 建筑物阴影遮挡路面时显著图计算结果

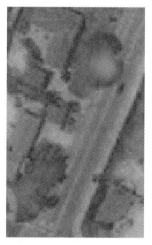

(c) 树木遮挡路面时显著图计算结果

图 7.3 场景中存在干扰因素时显著图计算结果

左图]，场景中路面被高大建筑物阴影压盖严重；影像 3 为 2m 分辨率 GeoEye-1
多光谱影像[图 7.3(c)左图]，场景中部分路面被树木遮挡。在显著性特征图中，每
个像素亮度值表示该像素的显著性值大小，图 7.3(a)为针对路面存在车辆压盖时
影像全局显著图计算结果，道路目标色调与周围其他地物差异较大，在道路场景
中，被车辆压盖的像素与周围像素显著性值明显不同；图 7.3(b)为针对路面存在
建筑物阴影遮挡时影像全局显著图计算结果，与路面像素显著性值相比，阴影
遮挡像素显著性值明显增大，通过显著性特征可将阴影像素与道路像素区分开；
图 7.3(c)为针对路面存在树木遮挡时影像全局显著图计算结果，从目视效果看，
树木像素与路面像素色调存在一定差异，显著性值也不同。

　　为了对影像上路面不同类型干扰因素进行区分，需对干扰因素显著性特征值
进行区间划分，利用多组数据对其显著性进行统计，结果如表 7.1 所示。

表 7.1　影像上不同类型干扰因素显著性值统计

数据名称	道路像素显著性均值	车辆像素显著性均值	树木像素显著性均值	阴影像素显著性均值
1	0.8705	0.6392	0.4005	0.0157
2	0.7882	0.6274	0.4392	0.0353
3	0.8824	0.6980	0.4902	0.1333
4	0.8275	0.7412	0.4588	0.0863
5	0.8549	0.7294	0.4118	0.1843
6	0.8745	0.6471	0.4863	0.1020
7	0.9020	0.6902	0.4588	0.1412
8	0.8588	0.7020	0.4039	0.1569
9	0.8863	0.7412	0.4745	0.1137
10	0.9058	0.6314	0.4352	0.0745
11	0.8155	0.6156	0.4246	0.0390
12	0.8082	0.6047	0.4056	0.0655
13	0.8742	0.6809	0.4812	0.1016
14	0.8195	0.7190	0.4471	0.0616
15	0.8494	0.7429	0.4269	0.1571
16	0.8660	0.6504	0.4792	0.1108

续表

数据名称	道路像素显著性均值	车辆像素显著性均值	树木像素显著性均值	阴影像素显著性均值
17	0.9112	0.6890	0.4600	0.1031
18	0.8619	0.6989	0.4167	0.1378
19	0.8369	0.7378	0.4704	0.1210
20	0.9034	0.6409	0.4413	0.0568

对表 7.1 分析可知, 各种地物在影像上呈现的显著性特征值大小不同。对大量真实影像进行统计实验, 结果表明, 不同类型地物的显著性值区间范围间隔较大, 据此可作为判断像素类型的依据。在对影像进行处理时, 通过手动标注的方法选择典型的道路、车辆、阴影、树木区域作为地物样本, 然后统计不同类型地物显著性值, 用该显著性区间来区分地物类别。这对后续道路节点匹配搜索过程中设计干扰因素处理策略是有帮助的。

7.2.2 路径匹配搜索步骤

本节对场景中无干扰因素时的道路对象采用基于方向纹理特征的处理策略, 道路提取的核心问题是道路的识别与定位。如果用一系列连续的宽度等于道路宽度的矩形来表示道路, 那么矩形的中心线与道路中心线重合。将道路段视为一系列方向纹理矩形的组合, 在沿道路的方向上搜索区域的纹理特征与其他方向相比相差较大, 即在沿道路方向上的方向纹理特征值会呈现局部极值, 故利用此特点构建道路模型是合理的。

由方向纹理矩形的特点可知, 当场景中存在干扰因素(树木遮挡、车辆压盖等)时, 道路方向的计算会受到影响。针对此问题, 本节提出相应的解决策略, 利用视觉特征辅助判断当前道路方向上场景类别, 分别针对不同类别场景采用不同提取方法, 完善方向纹理特征方法的理论。

算法计算时首先选定若干道路种子点, 种子点数目与场景复杂度有关, 且统计种子点邻域内道路纹理、光谱特征, 并根据种子点位置计算道路宽度; 然后沿交叉口不同道路分支方向构建宽度等于道路宽度、长度为道路宽度两倍的纹理矩形, 通过比较道路分支方向一定范围内(±30°)矩形区域与种子点区域的纹理特征确定交叉口准确的道路分支方向; 最后综合利用方向纹理特征及视觉显著性特征进行道路段路径搜索。

若将当前搜索方向上道路场景类别用 F_{local} 表示，则 F_{local} 取 1,2,3 分别表示三种不同场景。F_{local} 计算包括区域纹理特征值计算与视觉特征值计算。首先利用方向纹理特征对当前道路段进行搜索，判断是否存在满足条件的道路节点，若存在，则继续搜索；否则，对当前方向一定范围内区域视觉特征进行分析。由第 4 章可知，不同干扰因素视觉显著性特征范围不同，因此可利用此特点判断区域内是否存在车辆、树木或阴影等。区分不同场景的详细计算步骤如下。

(1) 将矩形区域特征值初始化，即 $F_{local} = 0$。

(2) 计算区域纹理特征值，若满足阈值条件，则 $F_{local} = 1$，否则执行第 (3) 步。

(3) 计算当前方向一定范围 ($\pm 30°$) 区域内像素全局显著性特征 S_{global}。

(4) 根据显著性特征值判断区域是否存在车辆目标，若存在，则 $F_{local} = 2$。

(5) 根据显著性特征值判断区域是否存在树木、阴影目标，若存在，则 $F_{local} = 3$。

(6) 根据显著性特征值判断算法是否需要中止搜索，即若场景中不存在干扰因素且不满足道路阈值条件，则令 $F_{local} = 0$。

(7) 分别针对 $F_{local} = 1$、$F_{local} = 2$、$F_{local} = 3$ 执行不同操作，具体过程将在 7.3 节和 7.4 节中介绍。其中，设定阈值条件为当前搜索区域内纹理特征值与种子点区域内特征值之差最小。

针对不同场景的特点，本章设计相应的道路提取方法。以车辆压盖为例，传统的车辆压盖处理方法基本是将识别出的车辆像素进行赋值，这种方法破坏了影像上道路的原始信息，对提取道路精度会有影响。将车辆视为道路提取的辅助信息进行处理，由于车辆属于道路的上下文信息特征，车辆一般都会出现在道路上，车辆不会对道路边界特征产生影响，而且车辆的前进方向正是道路的方向，车辆的宽度也小于道路的宽度，因此在搜索过程中，车辆能够被包含在当前沿道路方向的方向纹理矩形中，如果将这些信息进行融合和利用，那么不仅可以去除车辆的影响，而且能够辅助算法进行道路段识别，在理论上是可行的、合理的。当场景中存在树木遮挡、高大建筑物压盖干扰因素时，与车辆压盖时场景不同，树木、阴影会破坏原始道路边界特征，必须对其单独进行处理。这里采用改进动态规划思想对树木阴影场景中道路进行提取，利用动态规划中整体约束性特点纠正道路中心线节点。整个处理流程如图 7.4 所示。

在构建道路网过程中，算法搜索道路节点时的中止条件有以下四个。

(1) 搜索节点到达下一个交叉口区域中心位置。

(2) 当前搜索节点到达另一条已知道路段。

(3) 当前搜索节点到达影像边缘。

(4) 搜索节点延伸至道路周围场景中 (即 $F_{local} = 0$)。

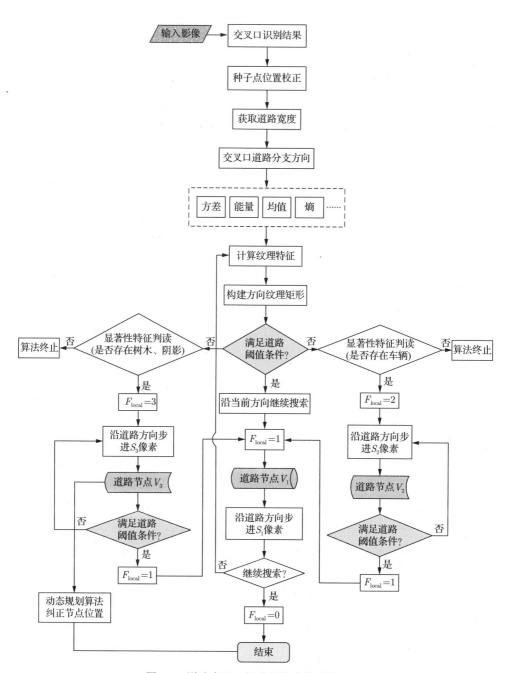

图 7.4　道路交叉口间路径搜索算法流程图

7.3　路面无干扰因素时路径搜索方法

7.3.1　方向纹理特征及其计算方法

方向纹理特征最早由 Haverkamp 和 Gibson 等学者应用于高分辨率影像上道路提取方面(Haverkamp，2002；Gibson et al.，2003)。方向纹理特征是指用具有方向的矩形区域纹理特征值表示该区域灰度及纹理的变化情况。对于影像上某点 p，定义函数 $T(\alpha, w, p)$，函数表示以点 p 为中心、宽度为 w 的矩形区域内像素点的纹理特征值(熵、能量、均值、方差等)。从水平方向开始，以 α 为间隔旋转角度，构建矩形模板，得到纹理特征值 $\{T(\alpha_0, w, p),\ T(\alpha_1, w, p), \cdots, T(\alpha_n, w, p)\}$，用这些值来描述该点的方向纹理特征。以方向纹理特征中方差为例说明，如图 7.5 所示。

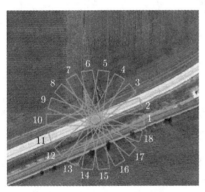

(a) 道路上方向纹理矩形示意图　　　　　　(b) 各个方向纹理特征值计算结果

图 7.5　道路方向纹理特征示意图

图 7.5(a)是以中心点像素 p 为圆心、每隔 20°绘制的矩形，图 7.5(b)是对 18 个矩形模板方差值统计结果生成的图表。由图 7.5(b)绘制的图表可以看出，中心点 p 周围的矩形区域方差的极值点出现在第 2 和第 11 这两个方向上，说明这两个方向区域灰度变化最小，满足影像道路的辐射特点，由图 7.5(a)也可以看出这两个方向正是道路的方向，故用方向纹理特征进行道路提取在理论上是合理的。

纹理特征包括能量、熵、方差。能量反映了图像灰度分布均匀程度和纹理粗细程度，区域内像素颜色值越相似，同质性越高，能量值越大。熵反映了图像中纹理的复杂程度或非均匀度，异质性纹理区域通常有较大的熵值，当影像特征为完全随机性纹理时，达到最大值。方差了反映窗口内灰度变化情况，沿道路方向的方差小于其他方向。因此，本章综合利用这些纹理特征对道路进行描述。由上述分析可知, 与其他方向相比, 沿道路方向能量值越大, 熵和方差越小, 利用这些归一化后的值计算区域纹理特征, 其表达式为

$$V = \frac{N(\text{Variance}) + N(\text{Entropy})}{N(\text{Energy})} \tag{7.1}$$

式中, $N(\cdot)$ 为归一化因子。

7.3.2 道路种子点校正

由以上分析可知, 影像上道路可表示为一组相互连接的、纹理特征相似的矩形。本节在利用方向纹理特征进行道路搜索时, 将交叉口同质区域每个分支方向上近似矩形区域中心作为初始道路种子点, 矩形中心线方向作为初始道路方向。受影像噪声的影响, 种子点的位置可能不在道路中心线上, 为了提高道路提取的精度, 需要对种子点位置进行调整, 使其尽可能位于当前道路中心线上。由第 6 章的分析可知, 在道路边界处像素点的梯度会呈现局部极值, 因此利用此特点可以对种子点进行校正。

道路初始种子点的选取, 对中心线提取结果具有直接影响。影像上道路边缘的梯度值会呈现局部极值, 本章根据此特点进行道路宽度的计算和种子点位置校正。如图 7.6 所示, 初始种子点为 P, 分别计算出影像上沿 P 点水平方向的梯度极值点 A、B 及 A、B 两点梯度方向与 X 轴的夹角 α, 同理, 沿 P 点垂直方向的梯度极值点记为 C、D, 边缘梯度方向记为 β, 理论上 A、B、C、D 均在道路两边边界上, 线段 AB、CD 连线的中点 S_1 和 S_2 即在道路的中心线(或者虚拟道路中心线)上, 道路初始种子点自动校正为点 S_1 或 S_2。

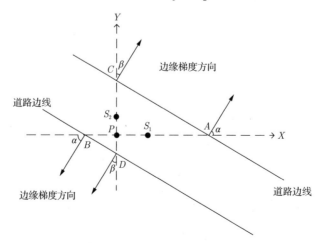

图 7.6 道路宽度的智能化计算与种子点位置校正示意图

7.3.3　道路宽度与方向计算

基于方向纹理特征的道路匹配搜索算法在计算过程中需要构建当前搜索点像素邻域内一定大小的方向纹理矩形，并统计搜索方向上矩形区域的局部纹理特征值，矩形的宽度近似等于道路宽度，如何实时自动地获取道路宽度和搜索方向是整个算法的核心。利用此道路边界像素的梯度特点可估算道路的宽度。由图 7.6 可知，道路的宽度 w 可由式(7.2)得出，即

$$w = L_{AB} \cos \alpha \tag{7.2}$$

或者

$$w = L_{CD} \cos \beta \tag{7.3}$$

实际运算当中，如果计算出两个值相差很大，那么取较小的值作为道路宽度；如果两个值相差较小，那么取平均值作为预测道路宽度。

道路交叉口识别的结果可以为搜索算法提供道路的初始方向，但受识别精度及影像噪声的影响，该方向与道路的实际方向会存在偏差，其初始方向不能够代表道路的实际方向，故需要对初始方向进行校正。

沿道路方向其灰度比较均匀，变化较小，在搜索过程中，如果在当前搜索点初始方向邻域内构建若干不同方向的方向纹理矩形，那么纹理特征值最小的矩形方向代表当前道路的方向。利用此特点可以更加准确地确定道路的方向。提取方向纹理特征获得道路方向的具体步骤如下。

(1)利用式(7.2)和式(7.3)获取道路宽度 w，构建初始道路方向邻域[$-30°,30°$]内的宽为 w、长为 l 的方向纹理矩形，相邻矩形方向间隔为 $10°$，其中 l 由下式得到：

$$l = wm \tag{7.4}$$

式中，m 取 $1.5\sim3$。

(2)计算方向纹理矩形的纹理特征值[式(7.1)]，获得方向纹理特征值。

(3)在初始道路方向邻域[$-30°,30°$]内，搜索方向纹理特征值的极值，将出现极值的方向确定为道路方向。

利用 SPOT-5 卫星影像计算得到的道路宽度和校正后的方向如图 7.7 所示。

图 7.7(a)为原始影像，图 7.7(b)为利用语义规则检测的交叉口位置，图 7.7(c)为利用方向纹理特征优化后的道路分支方向。观察实验结果可知，经过校正后的道路方向与实际道路方向相符，对不同类型交叉口道路分支方向的校正效果明显，算法处理结果可以作为道路搜索的初始方向。

(a)   (b)   (c)

图 7.7 道路宽度与方向计算结果(见彩图)

对道路种子点与道路方向校正完毕后，分别沿道路方向延伸 S_1 个步长 $(S_1=2w)$，将此点作为道路候选节点，根据道路节点自动计算道路宽度，实时构建该点邻域处 $[-30°,30°]$ 内的方向纹理矩形，计算矩形的纹理特征值，选择与道路模板区域纹理特征值最接近的方向作为当前道路方向，此节点作为道路节点。计算过程中引入视觉注意机制对区域显著性进行分析，检测区域中是否存在路面干扰因素，针对干扰因素采取相应策略完成道路节点搜索。当满足以下条件之一时算法中止搜索：①到达影像边界；②到达另一条道路；③预测点的纹理特征值大于给定的阈值。判断矩形纹理特征值是否在阈值范围内，若是，则将此点确定为道路候选点。算法搜索过程如图 7.8 所示。

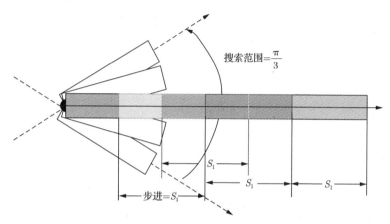

图 7.8　场景中无干扰因素路径搜索示意图

搜索过程中，沿当前搜索方向前后 30° 范围内构建等间隔的纹理矩形，比较该搜索范围内所有纹理矩形的特征值，将与种子点区域特征值最相似的方向视为道路方向，更新道路方向并沿新的道路方向继续搜索，直至 $F_{\text{local}} \neq 1$ 时中止。

7.4　路面存在干扰因素时路径搜索方法

道路目标与其他地物的视觉特征不同，利用融合自顶向下与自底向上显著性特征图计算方法可获取不同目标的显著性特征值，以此检测车辆、树木等干扰因素所在区域，在此基础上，设计相应处理策略，辅助算法完成搜索任务。由于路面干扰因素的成因、光谱特征、空间分布特征不同，对道路提取的影响也不尽相同，本节根据干扰因素视觉特征差异及对道路提取影响的特点设计两种不同的干扰因素处理策略。设计干扰因素处理策略的要求有以下三点：

(1) 能有效克服干扰因素对道路提取的影响，处理策略对结果改善明显。

(2) 对道路提取总体时间效率影响较小。

(3) 能够使道路搜索任务继续进行。

其中，要求(1)是设计处理策略合理性的重要指标，也是设计算法首要考虑的因素。本章根据前面所述干扰因素特征将处理策略分为两类：车辆压盖处理策略与树木、阴影遮挡处理策略。这里分别根据干扰地物自身特征设计相应算法，通过计算当前搜索窗口视觉特征，判断是否存在车辆、树木等目标，若存在，则步进若干长度继续搜索；直至 $F_{\text{local}} = 1$ 后继续搜索，如图 7.9 所示。

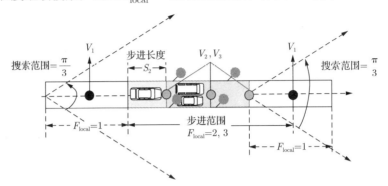

图 7.9　路面存在干扰因素时路径搜索示意图

图 7.9 为理想情况下针对干扰因素的处理方法。在实际道路场景中，道路方向并非保持不变，而是随步进距离的增加而变化，仍将矩形区域中心视为道路中心线位置理论上是不严密的。如图 7.10 所示，当道路方向与初始方向差异较大时，步进范围内矩形区域中心点位置与实际道路中心线之间存在较大偏移量，为了提高算法提取的精度，需对此进行纠正。

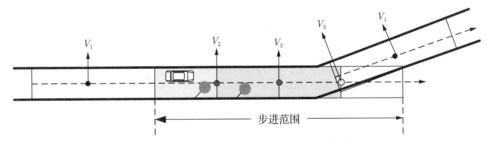

图 7.10　步进搜索时出现的中心点偏离情况

对于车辆压盖情况，道路边界特征明显，因此可根据种子点位置纠正思想对其位置进行纠正。由于树木、阴影对边界特征破坏较大，边界梯度特征不明显，仍用种子点纠正方法无法保证步进后节点位置精度，因此需要对其位置(V_3 中节点)进行纠正，避免其偏离中心位置。本章采取多点动态规划的思想拟合道路中心线，利用已匹配道路节点位置约束未知待求节点，使全局能量函数达到极值，以达到克服干扰因素影响的目的。为了提高算法处理的智能化程度，算法设计了车辆压盖及树木、地物阴影遮挡存在时的道路提取策略，本节将详细介绍两种处理方法的原理及计算步骤。

7.4.1 车辆压盖处理策略原理

在进行车辆压盖处理时，算法综合运用影像上车辆呈现的几何特征、视觉特征、空间位置分布、上下文特征设计相应方法，将车辆作为道路的上下文特征进行处理。车辆是影像上道路目标中重要的上下文特征，车辆与道路之间有固定的空间位置关系，车辆的前进方向与道路方向一致，车辆宽度小于道路宽度。利用方向纹理特征匹配搜索道路时，构建的矩形窗口宽度等于道路宽度，矩形窗口长度近似为道路宽度的两倍，算法沿道路方向进行搜索时，若当前场景中路面存在车辆干扰，则矩形窗口区域会覆盖整个车辆。根据车辆及基于方向纹理特征匹配搜索算法的特点，可设计车辆处理策略，通过检测方向纹理矩形与车辆压盖空间关系确定是否存在车辆压盖情况。

由 7.2 节的分析可知，车辆视觉显著性特征与道路存在明显差异，利用视觉注意模型思想可快速、轻易地将车辆所在区域检测出来。算法设计车辆处理策略时充分应用这种视觉特征上的差异，当道路中心线附近出现车辆时，直接沿此点的车辆方向步进 S 个步长继续搜索至 $F_{local}=1$ 中止步进，对于 V_2 中节点，采用种子点纠正的方法将其纠正至中心位置(图 7.6)；对于 V_1 中节点，继续利用方向纹理特征搜索节点。这样处理既考虑了道路的上下文特征，又没改变影像道路原始信息，理论上是合理的。

7.4.2 基于改进动态规划方法的树木、阴影遮挡处理策略

树木遮挡与阴影遮挡的处理策略各不相同，两种干扰因素的成因、视觉特征不同，对路面的影响也不同。相对于车辆压盖的处理方法而言，树木、阴影遮挡会改变道路边界信息，道路边界梯度、道路宽度计算会受到影响，因此针对车辆压盖的处理策略不适合在树木、阴影遮挡场景中使用。道路两旁成排行树往往是可利用的上下文特征，行树虽然改变了影像上道路的连通性，但行树自身排列前进方向与道路的方向一致。高大建筑物阴影范围较大，阴影区域可能压盖全部道路宽度，阴影区域破坏了原始影像上路面几何结构与光谱特征。传统算法对树木、阴影进行处理时，通过对干扰区域进行重采样，将正常路面像素赋值给树木、阴影遮挡区域，然后对赋值后的区域重新进行道路节点搜索。这种方法改变了原始影像上道路信息，而且由于道路存在同物异谱特性，利用其他路段上路面像素对干扰区域赋值缺乏严密的理论依据，因此使用这种处理方法必然影响最终道路提取精度。为了克服传统方法存在的问题，本小节提出利用改进动态规划算法辅助道路提取的思想，目的是利用多个已成功匹配道路节点 V_1 对路段其他节点 V_3 位置

进行约束，通过使全局能量函数达到极值的方法将干扰因素对道路提取影响降低至最小，以解决树木、阴影干扰因素存在时的道路节点提取问题。

1. 基于动态规划的道路提取算法原理

动态规划道路提取算法最早由 Gruen 等提出(Gruen et al.，1997)，算法能对低分辨率影像上呈线状特征的道路进行准确提取，算法构建道路模型的基本思想是将低分辨率影像上线状道路视为由一系列道路节点 $p_1, p_2, \cdots, p_n$ 构成的多边形 P 表示，其中 $p_i = (x_i, y_i)$ 表示影像上道路节点坐标，结合道路灰度特征与几何特征构造代价函数，即

$$
\begin{aligned}
E &= \sum_{i=1}^{n-1}\left((E_{p_1}(p_i, p_{i+1}) - \beta E_{p_2}(p_i, p_{i+1}) + \gamma E_{p_3}(p_i, p_{i+1})) \cdot \frac{[1+\cos(\alpha_i - \alpha_{i+1})]}{|\Delta S_i|} \right) \\
&= \sum_{i=1}^{n-1} E_{p_i}(p_{i-1}, p_i, p_{i+1}) \\
C_i &= |\alpha_i - \alpha_{i+1}| < T
\end{aligned}
\tag{7.5}
$$

式中，$E_{p_1}(p_i, p_{i+1})$、$E_{p_2}(p_i, p_{i+1})$、$E_{p_3}(p_i, p_{i+1})$ 分别描述道路几何特征和光谱特征，函数值与相邻道路节点 p_i、p_{i+1} 有关；α_i 表示由节点 p_{i-1}、p_i 定义的当前路段方向；β、γ 为正数常量；$|\Delta S_i|$ 表示节点 p_{i-1}、p_i 之间的距离；T 为人工定义的两个相邻路段方向变化的阈值。

通过分析代价函数(式(7.5))可以得出结论，即函数 E_i 的总和仅依赖于多边形 P 的三个连续顶点 (p_{i-1}, p_i, p_{i+1})。换句话说，每个顶点 p_i 仅与顶点 p_{i-1}、顶点 p_{i+1} 相关，因此可以通过动态规划算法连续决策过程有效地解决这个问题(Gruen et al.，1997)。

图 7.11 表示采用动态规划算法进行道路节点迭代求解示意图。图 7.11(a)为由四个种子点连接的道路段，种子点通过人机交互方式获取。图 7.11(b)和(c)为第一次迭代计算，图 7.11(b)中通过对已知种子点等距离线性内插得到新的道路节点，道路模型变为由七个节点构成的多边形。虽然道路模型多边形由更多节点构成，但是多边形中新节点未利用影像上道路的任何信息，仅是对已知种子点的几何位置插值，因此图 7.11(a)和(b)的多边形在动态规划算法应用前本质是相同的。在动态规划优化过程中，每个顶点可能会围绕初始位置移动。为了提高处理效率，实际运算时在每个顶点处沿垂直于初始多边形方向构建一维搜索窗口[图 7.11(b)中的虚线]，而不是围绕每个顶点的二维搜索窗口。这样既可以降低计算复杂度，又可以维持道路曲线搜索范围。

为了进一步降低计算复杂度，Gruen 等对不同分辨率影像进行搜索，其优点是使算法具有较大的搜索范围。对图 7.11(b)中插值后节点应用动态规划算法，计算结果见图 7.11(c)，其道路多边形更接近真实道路的形状。图 7.11(c)同时给出了对道路初始节点进行动态规划优化的结果(即接近道路中心线的多边形)。

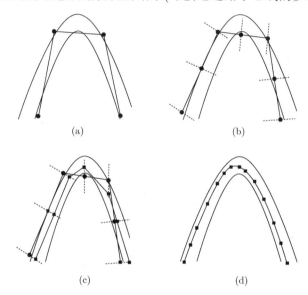

图 7.11　使用动态规划算法提取道路时的迭代过程

动态规划算法中止条件是通过迭代计算的道路节点能够使代价函数[式(7.5)]达到极值并满足约束条件 $C_i < T$，$i=1,2,\cdots,n-1$，最终结果见图 7.11(d)。

2. 用于中、高分辨率影像上道路提取的动态规划改进方法

传统动态规划算法适用于道路宽度为 1～3 个像素的低分辨率影像。这种情况下，道路可视为线状地物。在动态规划优化过程结束时，计算的节点多边形可对线状道路准确建模。然而，对于高分辨率影像，道路提取的目标是道路中心线或道路双边界，传统动态规划代价函数的优化过程不能获得理想的结果，这是由于算法提取结果对应于代价函数[式(7.5)]的最大值，它不可能与路面中心线相一致。

为了能够在高分辨率影像中使用动态规划算法，需对动态规划算法进行改进，使其能够反映道路中心线或边界特性。为了在代价函数[式(7.5)]中体现道路中心线的定义，利用道路边界属性特征对动态规划进行改进。遥感影像上道路与周围地物存在明显差异，沿道路垂直方向上边界点像素梯度大小相等，方向相反，如图 7.12 所示。

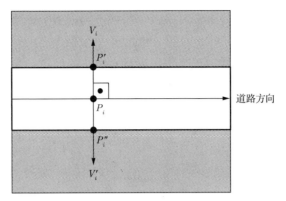

图 7.12　道路边界梯度示意图

若用 V_i、V_i' 分别表示道路边界处像素点 P_i'、P_i'' 处梯度矢量,则有 $|V_i|=|V_i'|$,且 $\theta_{(V_i,V_i')}=180°$,与边界处其他像素相比, V_i、V_i' 的内积 $|V_i||V_i'|\cos\theta_{(V_i,V_i')}$ 为极值,利用边界像素的这个特点可对动态规划算法进行改进。

式(7.5)表明,代价函数可以简化表示为

$$E=\sum_{i=1}^{n-1}E_i(P_{i-1},P_i,P_{i+1})\tag{7.6}$$

在式(7.6)中引入道路边界约束条件,对每个中心线节点沿道路垂直方向与道路边界交点处的两个梯度向量做内积,将内积函数加入约束函数中,就可通过式(7.7)表示道路中心线。

$$E^{\mathrm{m}}=\sum_{i=1}^{n-1}\left[E_i(P_{i-1},P_i,P_{i+1})-\langle V_{i-1},V_{i-1}'\rangle\cdot\langle V_i,V_i'\rangle\cdot\langle V_{i+1},V_{i+1}'\rangle\right]\tag{7.7}$$

式中, V_{i-1}、V_{i-1}'、V_i、V_i' 及 V_{i+1}、V_{i+1}' 分别是像素点 P_{i-1}、P_i、P_{i+1} 处定义的道路边界点处的相互平行的梯度矢量。

设 u、v 为两个非空向量,θ 是两个向量间的夹角,则向量 u、v 之间的内积定义为 $\langle u,v\rangle=|u||v|\cdot\cos\theta$,式(7.7)可写为

$$\begin{aligned}E^{\mathrm{m}}=\sum_{i=1}^{n-1}[&E_i(P_{i-1},P_i,P_{i+1})\\&-|V_{i-1}||V_{i-1}'|\cdot\cos\theta_{i-1}\cdot|V_i||V_i'|\cdot\cos\theta_i\cdot|V_{i+1}||V_{i+1}'|\cdot\cos\theta_{i+1}]\end{aligned}\tag{7.8}$$

由于动态规划优化过程的基本目标是获取代价函数的最大值,且式(7.8)的第一项是正数,因此新添加项也需要是正数。处于对称位置的道路边界像素梯度方

向满足 $\theta_{i-1} \approx \theta_i \approx \theta_{i+1} \approx 180°$，即 $\cos\theta_{i-1} \approx \cos\theta_i \approx \cos\theta_{i+1} \approx -1$。因此，新添加项前的负号是合理的。此外，考虑到道路边缘点处的梯度向量的值是局部极大值，因此平行梯度矢量对 V_{i-1}、V'_{i-1}、V_i、V'_i 及 V_{i+1}、V'_{i+1} 之间的内积也是极大的。在这种情况下，改进后代价函数的新添加项取极值，可使得点 P_{i-1}、P_i、P_{i+1} 准确地定位于道路中心线上。

　　为了更加充分地理解改进代价函数式(7.8)，利用图 7.13 表示一段道路中心线。

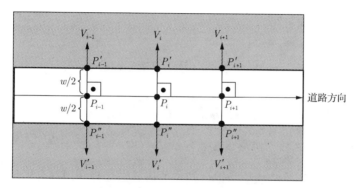

图 7.13　改进动态规划算法示意图

　　图 7.13 中显示的是由连续点 P_{i-1}、P_i、P_{i+1} 定义的一段道路中心线。梯度矢量 V_{i-1}、V'_{i-1}、V_i、V'_i 及 V_{i+1}、V'_{i+1} 分别是从道路边界点 P'_{i-1} 和 P''_{i-1}、P'_i 和 P''_i、P'_{i+1} 和 P''_{i+1} 中计算得出的。这些点坐标可根据道路对称性通过中心线上节点 P_{i-1}、P_i、P_{i+1} 及当前节点道路宽度 w_{i-1}、w_i、w_{i+1} 推算出。此外，每个道路中心线节点 P_i 与其对应的道路边界点(P'_i，P''_i)之间的距离是道路宽度 w_{i-1}、w_i、w_{i+1} 的一半。因此，道路边界约束条件可由道路节点与道路宽度共同决定，其表达式为

$$\langle V_{i-1}, V'_{i-1} \rangle \cdot \langle V_i, V'_i \rangle \cdot \langle V_{i+1}, V'_{i+1} \rangle = E_i^{\mathrm{p}}(P_{i-1}, P_i, P_{i+1}, w_{i-1}, w_i, w_{i+1}) \tag{7.9}$$

　　式(7.9)表明，由点 P_{i-1}、P_i、P_{i+1} 定义的道路段约束函数 E_i^{p} 仅依赖点的坐标与局部道路宽度。将式(7.9)代入式(7.7)，则改进后动态规划代价函数可写为

$$E^{\mathrm{m}} = \sum_{i=1}^{n-1} \left[E_i(P_{i-1}, P_i, P_{i+1}) - E_i^{\mathrm{p}}(P_{i-1}, P_i, P_{i+1}, w_{i-1}, w_i, w_{i+1}) \right] \tag{7.10}$$

　　若用 $E_i^{\mathrm{t}}(P_{i-1}, P_i, P_{i+1}, w_{i-1}, w_i, w_{i+1})$ 替换式(7.9)中的项，可以得到以下代价函数形式：

$$E^{\mathrm{m}}=\sum_{i=1}^{n-1}E_i^{\mathrm{t}}(P_{i-1},P_i,P_{i+1},w_{i-1},w_i,w_{i+1}) \tag{7.11}$$

可以看出，与式(7.6)中传统代价函数相比，改进后代价函数和所有变量(即道路中心线点坐标和局部道路宽度)不同时相互关联，且此方程可显著减少优化过程，降低计算的复杂度。影像上局部范围内道路宽度不发生明显变化，因此实际运算过程中可假设 $w_{i-1} \approx w_i \approx w_{i+1}$。道路宽度在优化迭代中得到解算，因此改进代价函数最终形式可写为

$$E^{\mathrm{m}}=\sum_{i=1}^{n-1}E_i^{\mathrm{t}}(P_{i-1},P_i,P_{i+1},w_i) \tag{7.12}$$

式(7.12)表明，改进动态规划优化原理与传统算法相同。

3. 影像上树木遮挡、阴影压盖处理策略

由改进动态规划算法代价函数可知，改进算法综合利用高分辨率影像道路几何形状特征、光谱特征、边界梯度特征等搜索道路中心线节点。此外，算法能够利用多个种子点对代价函数进行有效约束，种子点数目越多，约束效果越好，提取的节点位置精度越高。在道路提取过程中，当遇到影像上存在干扰因素(树木、阴影遮挡)时，可借鉴动态规划算法的多点约束特点设计相应处理策略。

针对树木、阴影遮挡对道路提取的影响，很多学者提出了存在干扰因素时道路提取方法，根据处理对象、方法的不同，将现有处理方法分为两类：人工干预引导法与像素赋值法。第一类方法是当遇到搜索中止时，进行适当人机交互，人工确定新的道路方向使搜索算法得以继续进行；第二类方法首先检测干扰因素存在的位置，然后利用道路区域像素对干扰因素区域重采样并赋值，使其与道路像素光谱特征保持一致。这两种方法都可辅助道路搜索过程，但也存在明显不足，第一类方法引入太多人工干预，没有充分利用道路上下文信息，算法智能化程度低；第二类方法理论上存在缺陷，重采样后的像素与道路自身像素存在差异，不能准确地反映道路特征。针对这两种方法处理干扰因素时存在的问题，本章提出利用动态规划思想辅助道路搜索的策略，重点对路面存在树木遮挡、地物阴影时场景进行分析，将已搜索道路节点作为动态规划中初始种子点，通过多点约束代价函数完成对干扰因素区域的节点优化过程。

对树木遮挡、地物阴影采用改进动态规划算法的条件包括：①获取的已有道路中心线节点数量多；②道路初始宽度已知；③代价函数适合高分辨率遥感影像。

将当前路段上已搜索得到的道路中心线节点集合记为 $V_R = \{\mathrm{PR}_1, \mathrm{PR}_2, \cdots, \mathrm{PR}_{n_R}\}$（$n_R$ 为中心线节点数目），利用视觉特征检测的干扰因素区域像素点集合记为 $V_N = \{\mathrm{PN}_1, \mathrm{PN}_2, \cdots, \mathrm{PN}_{n_N}\}$（$n_N$ 为干扰区域像素点数目），道路宽度 w 等于方向纹理矩形的宽度，将这些节点及道路宽度代入动态规划代价函数中，代价函数的形式变为

$$E^{\mathrm{m}} = \sum_{\substack{i=1 \\ j=1}}^{\substack{n_{\mathrm{R}}-1 \\ n_{\mathrm{N}}-1}} E_i^{\mathrm{t}}(\mathrm{PR}_1, \mathrm{PR}_2, \cdots, \mathrm{PR}_i, \mathrm{PN}_1, \mathrm{PN}_2, \cdots, \mathrm{PN}_j, w_i) \tag{7.13}$$

由式(7.13)可知，处理策略将当前局部范围内路段视为整体对象进行处理，利用多个已知中心线节点对代价函数进行优化，以达到约束道路段、克服干扰因素对路段节点提取的影响的目的。

7.5　基于最小二乘匹配思想的道路曲线拟合方法

利用道路匹配搜索算法获得的节点是不连续的离散点，为全面获取道路地理信息特征，需将这些道路节点通过一定方法进行曲线拟合，形成光滑道路曲线，以此为地理信息系统应用提供矢量数据服务和保障。曲线拟合是根据已知数据点确定模拟函数，使模拟函数代表的曲线与数据点分布最为接近。曲线拟合方法分为插值和拟合两种(陈良波等，2012)。插值法要求模拟函数曲线必须通过已知数据点，如样条函数插值；拟合法不严格要求模拟函数曲线通过已知数据点，但要求曲线与数据点之间误差最小，如最小二乘拟合。对于本章道路节点，利用道路方向纹理特征匹配搜索后得到的道路中心线节点位置准确，可以代表道路中心线形状和趋势，因此通过插值法对离散道路节点拟合中心线是合理的。

插值法拟合采用的插值函数较多，如多项式插值法、分段 Hermit 插值法、样条函数插值法、多节点样条函数插值法、代数曲线插值法等(Kwaka，2008)，其中，样条函数插值法应用广泛，尤其在逆向工程、数值计算、实验数据分析等领域中应用比较成熟(叶铁丽等，2013)。本节采用三次样条函数插值法对道路节点进行曲线拟合，将每一段道路视为具有一定曲率变化的样条曲线，利用道路节点进行插值，拟合出光滑的中心线。拟合后的曲线包含所有已知道路节点，除已知道路节点外，其他节点是利用样条函数插值得到的，由于插值过程中未考虑道路几何灰度信息，仅利用已知道路节点的几何位置插值获取新数据点，这些点的位

置并不精确位于道路中心线上,这种插值曲线与真实道路中心线之间有一定偏移,因此需要通过适当方法对插值点位置进行校正。

为解决此问题,本节针对高分辨率影像特点提出对节点先插值后拟合的方法,即先对已知节点利用最小二乘匹配法进行插值以获得新的中心线节点,然后利用新旧插值点重新拟合曲线。由于高分辨率影像上道路宽度值较大,利用方向纹理特征进行匹配搜索时,步进范围约为道路宽度的两倍,因此搜索结果中相邻节点之间距离较大,若对这些节点直接进行曲线拟合,其与标准中心线之间的偏差会随着距离增加而增加,若能够在拟合前对相邻节点进行插值,获取新的高精度道路节点,然后利用新旧节点重新拟合曲线,若可明显改善高分辨率影像道路拟合效果。基于此分析,本节充分利用遥感影像道路几何灰度信息结合最小二乘匹配算法对插值点位置进行校正,首先根据几何位置特征对相邻节点进行内插,然后利用道路灰度特征及最小二乘匹配法对内插点位置进行纠正,提高插值点的精度,最后对最小二乘匹配后的插值点与已知道路节点进行三次样条曲线拟合,得到最终的道路中心线。算法的整体流程如图 7.14 所示。

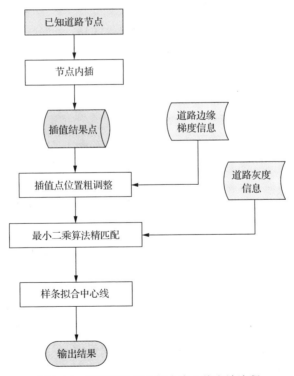

图 7.14　利用道路节点拟合中心线方法流程

7.5.1 基于最小二乘匹配的插值点位置精匹配

为了提高插值点位置精度，本小节引入基于最小二乘匹配的插值点位置精确匹配方法，首先将匹配搜索得到的节点进行线性内插，得到等间隔内插点，以这些点作为初始点，通过最小二乘匹配算法在初始点邻域内搜索与已知道路节点灰度特征相似性最高的像素点，将匹配结果作为新的插值点。匹配时，将已知道路节点作为初始匹配种子点，例如，对于拟合曲线 $S(x)$，区间 $[x_i, x_{i+1}]$ 的初始匹配种子点为 x_i。

匹配时以原有道路节点为种子点，统计种子点邻域范围内的光谱特征，将其作为匹配模板，然后在插值点邻域处选取与种子点区域大小相同的邻域作为待匹配区域，利用最小二乘匹配方法搜索最优节点。由于最小二乘匹配算法平差计算时利用了窗口内的影像信息，因此其精度可以达到子像素级别。假设 $g_1(x_1, y_1)$、$g_2(x_2, y_2)$ 分别为模板区域和待匹配区域影像，对匹配区域影像进行辐射变换和几何变换，即

$$g_1(x_1, y_1) + n_1(x_1, y_1) = h_0 + h_1 g_2(x_2, y_2) + n_2(x_2, y_2) \tag{7.14}$$

式中，$n_1(x_1, y_1)$、$n_2(x_2, y_2)$ 为偶然误差，待匹配区域与模板区域的像素坐标关系为

$$\begin{aligned} x_2 &= a_0 + a_1 x_1 + a_2 y_1 \\ y_2 &= b_0 + b_1 x_1 + b_2 y_1 \end{aligned} \tag{7.15}$$

计算前，各参数设置如下：$h_0 = 0, h_1 = 1, a_0 = 0, a_1 = 1, a_2 = 0, b_0 = 0, b_1 = 1, b_2 = 0$。道路网提取的流程如下：

(1)按照式(7.14)计算待匹配区域中的各个像素坐标值，对其进行变换。

(2)将几何变换后的待匹配区域影像进行双线性重采样，计算区域中各个像素点的灰度值。

(3)将重采样得到的影像利用式(7.14)进行辐射畸变改正，初始计算时的公式为

$$g_1(x_1, y_1) = h_0 + h_1 g_2(x_2, y_2) \tag{7.16}$$

(4)利用最小二乘法计算畸变参数的改正值，并得到畸变参数的值，利用畸变参数计算模板区域和待匹配区域的相关系数，当本次的相关系数大于上一次计算的系数时，匹配计算结束；每次计算后畸变参数都会变化，这样匹配区域中的影像会逐渐接近于模板区域的影像，最终得到最佳匹配点，将这些最佳匹配点记录下来，作为新的曲线插值点。

获取新的插值点后，重新对已知道路节点与新插值点进行拟合，形成最终光滑的道路中心线。

7.5.2 利用三次样条插值拟合道路节点

样条插值是工程设计中常用的插值方法，样条插值法包含二次样条插值、三次样条插值、多节点样条曲线插值、圆弧样条插值等，其中三次样条插值是比较常用的、较为成熟的方法之一。本小节利用三次样条函数插值法对筛选的道路中心线节点进行曲线拟合，设经过匹配搜索、筛选后得到的影像上道路节点坐标集合为 $\left\{(x_0,y_0),(x_1,y_1),\cdots,(x_n,y_n)\right\}$，其中 $a = x_0 < x_1 < \cdots < x_n = b$，拟合后样条曲线定义为 $S(x)$，它是一个分段定义的公式。对于固定的 $n+1$ 个数据点，包含 n 个区间，三次样条方程满足的条件如下：

(1) 在每个分段区间 $[x_i,x_{i+1}]$ $(i = 0,1,\cdots,n-1)$，$S(x) = S_i(x)$ 都是一个三次多项式。

(2) 拟合后曲线通过已知道路节点，满足 $S(x_i) = y_i$，其中 $i = 0,1,\cdots,n$。

(3) 拟合后曲线 $S(x)$、导数 $S'(x)$、二阶导数 $S''(x)$ 在 $[a,b]$ 区间都是连续的，即 $S(x)$ 曲线是光滑的，因此 n 个三次多项式分段可以写为

$$S_i(x) = a_i + b_i(x-x_i) + c_i(x-x_i)^2 + d_i(x-x_i)^3, \quad i = 0,1,\cdots,n-1 \tag{7.17}$$

式中，a_i、b_i、c_i、d_i 代表 $4n$ 个未知系数。

可将上述特点总结为插值性、曲线连续性、微分连续性。插值性是指拟合曲线通过已知节点，即

$$\begin{aligned} S_i(x_i) &= y_i \\ S_i(x_{i+1}) &= y_{i+1} \end{aligned}, \quad i = 0,1,\cdots,n-1 \tag{7.18}$$

微分连续性曲线一阶导数、二阶导数在节点处连续，即满足

$$\begin{aligned} S'_i(x_{i+1}) &= S'_{i+1}(x_{i+1}) \\ S''_i(x_{i+1}) &= S''_{i+1}(x_{i+1}) \end{aligned}, \quad i = 0,1,\cdots,n-2 \tag{7.19}$$

曲线 $S(x)$ 的微分形式可表示为

$$\begin{aligned} S_i(x) &= a_i + b_i(x-x_i) + c_i(x-x_i)^2 + d_i(x-x_i)^3 \\ S'_i(x) &= b_i + 2c_i(x-x_i) + 3d_i(x-x_i)^2 \\ S''_i(x) &= 2c_i + 6d_i(x-x_i) \end{aligned} \tag{7.20}$$

令 $h_i = x_{i+1} - x_i$，将其代入式(7.18)～式(7.20)，可得

$$
\begin{aligned}
a_i &= y_i \\
a_i + h_i b_i + h_i^2 c_i + h_i^3 d_i &= y_{i+1} \\
b_i + 2h_i c_i + 3h_i^2 d_i - b_{i+1} &= 0 \\
2c_i + 6h_i d_i - 2c_{i+1} &= 0
\end{aligned}
\tag{7.21}
$$

令 $m_i = S_i''(x_i) = 2c_i$，将其代入式(7.21)，可得

$$
\begin{aligned}
m_i + 6h_i d_i - m_{i+1} &= 0 \\
d_i &= \frac{m_{i+1} - m_i}{6h_i}
\end{aligned}
\tag{7.22}
$$

将 a_i、d_i 代入式(7.20)的 $a_i + h_i b_i + h_i^2 c_i + h_i^3 d_i = y_{i+1}$ 中，可得

$$
b_i = \frac{y_{i+1} - y_i}{h_i} - \frac{h_i}{2} m_i - \frac{h_i}{6}(m_{i+1} - m_i)
\tag{7.23}
$$

将 a_i、b_i、d_i 代入式(7.21)的 $b_i + 2h_i c_i + 3h_i^2 d_i - b_{i+1} = 0$ 中，可得

$$
h_i m_i + 2(h_i + h_{i+1}) m_{i+1} + h_{i+1} m_{i+2} = 6\left(\frac{y_{i+2} - y_{i+1}}{h_{i+1}} - \frac{y_{i+1} - y_i}{h_i} \right)
\tag{7.24}
$$

通过以上分析可知，三次样条函数 $S(x)$ 有 $n+1$ 个未知量 m_i，未知量方程个数为 $n-1$，为了求解未知量，还需两个方程，由于三次样条曲线首尾两个顶点没有受到使其弯曲的力，因此应该满足二阶导数等于 0，即 $m_0 = 0, m_n = 0$，所有样条函数方程组可写为

$$
\begin{bmatrix}
1 & 0 & & & & & \\
h_0 & 2(h_0 + h_1) & h_1 & & & & \\
& h_1 & 2(h_1 + h_2) & h_2 & & & \\
& & h_2 & 2(h_2 + h_3) & \ddots & & \\
& & & h_3 & \ddots & h_{n-2} & \\
& & & & \ddots & 2(h_{n-2} + h_{n-1}) & h_{n-1} \\
& & & & & 0 & 1
\end{bmatrix}
\begin{bmatrix}
m_0 \\
m_1 \\
m_2 \\
m_3 \\
\vdots \\
m_{n-1} \\
m_n
\end{bmatrix}
$$

$$= 6 \begin{bmatrix} 0 \\ \dfrac{y_2 - y_1}{h_1} - \dfrac{y_1 - y_0}{h_0} \\ \dfrac{y_3 - y_2}{h_2} - \dfrac{y_2 - y_1}{h_1} \\ \dfrac{y_4 - y_3}{h_3} - \dfrac{y_3 - y_2}{h_2} \\ \vdots \\ \dfrac{y_n - y_{n-1}}{h_{n-1}} - \dfrac{y_{n-1} - y_{n-2}}{h_{n-2}} \\ 0 \end{bmatrix} \tag{7.25}$$

利用式(7.25)可求得每一段道路的样条插值点,这种拟合结果曲线能够通过已知道路节点,保证道路中心线的位置精度。

7.6　实验与分析

7.6.1　道路节点匹配搜索实验

实验主要验证基于方向纹理特征的道路提取算法对多源遥感影像道路中心线进行提取的功能,本节设计 3 组实验对算法进行验证和比较,分别验证算法的正确性、路面存在干扰因素的道路提取效果及与其他提取算法的对比效果,验证本章算法在提取精度和效率上的优势。

1. 算法正确性检验

正确性检验分为两部分:①给定种子点搜索道路段节点;②搜索交叉口分支方向道路段节点。其中,给定种子点搜索道路节点实验时需人工选定单个种子点或两个种子点(道路起点与终点),属于半自动道路节点提取;交叉口分支道路节点搜索是算法自动计算交叉口道路分支方向,并沿各分支方向搜索道路节点的过程。

1)给定种子点搜索道路段节点

精心挑选包含直路、弯路、窄路、宽路、立交桥道路的五幅全色影像进行实验。实验过程中提取出的道路方向和位置用方向纹理矩形显示,如图 7.15(a)所示,计算出道路候选点位置如图 7.15(b)所示。分别运用本章算法提取五幅遥感影像上的道路中心线[图 7.16(b)～图 7.20(b)]，实验过程中，通过人机交互方式给定道路种子点，然后通过目视观察提取结果，以此分析判断本章算法对不同类型道路的提取效果。

在图 7.16～图 7.20 提取道路时，每一段道路给定一个种子点，算法自动计算道路的两个方向，然后沿两个方向匹配搜索道路节点。其中，图 7.16 的影像色调较暗，道路网与周围地物的差别较小，地物主要是直线道路网，道路的边界明显；图 7.17 的影像中道路以山地间高速道路为主，曲率变化较大，道路的边界特征不明显，但有明显的中心线，道路上的干扰要素较少。图 7.18 的影像整体色调偏暗，道路曲率变化小，道路的宽度约为 5 个像素，道路的色调很暗，边界信息不明显；图 7.19 的影像为农田附近的高速公路，宽度约为 15 个像素，道路与周围地物差异明显，边缘特征显著。图 7.20 为包含立交桥的道路影像，影像上道路交叉口较多，场景复杂。

从图 7.16～图 7.20 实验提取结果可以看出，利用方向纹理特征对不同分辨率影像上直路、弯路、窄路、宽路、包含立交桥道路具有很好的提取效果，从目视效果来看，本章算法都能够准确地提取道路中心线，这表明本章算法对不同特点的道路具有较强的适应性。

(a) 计算出的道路最优方向纹理矩形　　　　　　　(b) 提取的道路节点

图 7.15　计算出的最优方向纹理矩形和道路节点(见彩图)

(a) 包含直路的原始影像　　　　　　　　　(b) 提取结果与原始影像叠加效果

图 7.16　影像上直路提取结果(安庆地区 2.5m 分辨率 SPOT-5 卫星全色影像)(见彩图)

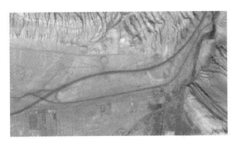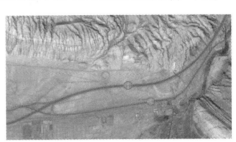

(a) 包含弯路的原始影像　　　　　　　　　(b) 提取结果与原始影像叠加效果

图 7.17　影像上弯路提取结果(吐鲁番地区 2.5m 分辨率 SPOT-5 卫星全色影像)(见彩图)

(a) 包含窄路的原始影像　　　　　　　　　(b) 提取结果与原始影像叠加效果

图 7.18　影像上窄路提取结果(登封地区 5m 分辨率 SPOT-5 卫星全色影像)(见彩图)

(a) 包含宽路的原始影像　　　　　　　　　(b) 提取结果与原始影像叠加效果

图 7.19　影像上宽路提取结果(大连地区 1m 分辨率 IKONOS 卫星全色影像)(见彩图)

(a) 包含立交桥的原始影像　　　　　　(b) 提取结果与原始影像叠加效果

图 7.20　影像上包含立交桥的道路提取结果(登封地区 2.5m 分辨率 SPOT-5 卫星全色影像)
(见彩图)

　　利用不同地区卫星影像数据对本章算法进行验证，结果如图 7.21 和图 7.22
所示。

图 7.21　山区道路提取结果(登封地区 2m 分辨率 WorldView-2 卫星影像)(见彩图)

图 7.22　城区道路提取结果(纽约地区 2m 分辨率 GeoEye-1 卫星影像)(见彩图)

　　图 7.21 为登封地区 2m 分辨率 WorldView-2 卫星影像，道路场景为山区高速公路，道路色调与周围植被差异较大，路面遮挡因素较少，从算法提取效果来看，算法能够准确计算道路方向，搜索得到的道路节点位置准确，提取精度较高。图 7.22 为纽约地区 2m 分辨率 GeoEye-1 卫星影像，路面场景复杂，存在车辆压盖、树木遮挡等干扰因素，提取时人工输入搜索起点与终点(图中圆圈部分)，从目视效果来看，算法整体提取效果较好，提取道路节点与标准道路中心线基本吻合，在终点区域场景中存在少量树木、车辆干扰，因此该区域步进范围比其他区域短，有效克服了干扰因素带来的影响。

　　2)搜索交叉口道路分支方向段节点

　　分别挑选包含丁字形交叉口与十字形交叉口的影像进行实验。实验影像来源于 QuickBird 卫星影像及资源三号卫星影像。算法计算的交叉口道路分支及节点如图 7.23 所示。

(a) 包含丁字形交叉口的原始影像　　(b) 丁字形交叉口检测结果　　(c) 丁字形交叉口道路分支
　　　　　　　　　　　　　　　　　　　　　　　　　　　　　及节点计算结果

(d) 包含十字形交叉口的原始影像　　(e) 十字形交叉口检测结果　　(f) 十字形交叉口道路分支
　　　　　　　　　　　　　　　　　　　　　　　　　　　　　及节点计算结果

图 7.23　道路交叉口分支方向及道路段节点搜索实验(见彩图)

　　图 7.23(a)为 2.4m 分辨率 QuickBird 高分辨率卫星影像，路面场景为郊区的田间道路，路面干扰因素较少，边界特征明显，道路曲率变化较小；图 7.23(d)为 2.1m 分辨率资源三号卫星卫星影像，色调较暗，影像上道路边界特征明显，但受干扰因素影响，道路存在不连续的现象。由目视观察提取结果可知，利用本章算法可准确地计算交叉口道路的分支方向，沿道路方向搜索的道路段节点位置准确，可作为交叉口间路径节点使用。

2. 路面存在干扰因素时提取效果检验

精心挑选路面包含干扰因素(车辆压盖、树木遮挡、建筑物阴影覆盖)的四幅遥感影像进行实验。车辆压盖主要以单个车辆压盖和多个车辆压盖为主,未引入车辆压盖处理策略时的提取结果分别见图 7.24(a)和(c),运用本章算法得到的提取结果见图 7.24(b)和(d),然后通过目视观察提取结果,来分析判断本章算法对存在干扰因素时道路的提取效果。树木遮挡与建筑物覆盖的处理策略实验如图 7.25 所示。

图 7.24(a)、(c)为传统算法的提取结果,图 7.24(b)、(d)为本章算法的提取结果,图 7.24(a)为道路上存在单个车辆的影像,图 7.24(c)为道路上存在多种车辆的影像,图 7.24(e)和(f)为算法对彩色影像路面存在车辆压盖时的处理效果。从目视效果来看,当遇到车辆干扰时,未进行车辆处理时搜索轨迹会发生明显偏移,而本章算法针对不同场景下的车辆干扰情况都可以准确地提取道路中心线,证明算法具有较好的鲁棒性。

(a) 未引入车辆压盖处理策略时的
提取结果(单个车辆压盖)

(b) 引入车辆压盖处理策略时的
提取结果(单个车辆压盖)

(c) 未引入车辆压盖处理策略时的
提取结果(多个车辆压盖)

(d) 引入车辆压盖处理策略时的
提取结果(多个车辆压盖)

(e) 航空影像引入车辆压盖处理策略时的提取结果

(f) 航空影像引入车辆压盖处理策略时的提取结果

图 7.24　引入车辆压盖处理策略前后道路提取结果比较(登封地区影像)(见彩图)

对路面存在树木、阴影遮挡时的处理结果如图 7.25 所示。

图 7.25 使用原始方法对存在树木遮挡场景进行处理时,由于道路边界特征受树木影响变化较大,算法无法准确计算遮挡处道路宽度,因此道路节点及搜索步进范围会随之改变,使道路节点偏离中心线位置,引入干扰因素处理策略后,当发现搜索区域中 $F_{local} = 3$ 时,缩小步进范围,沿上一个正确的道路方向步进搜索,直到 $F_{local} = 1$ 时继续搜索,然后利用动态规划进行位置纠正。从目视效果来看,处理后道路节点位置准确,精度较高,能够克服树木遮挡对道路提取的影响。从阴影遮挡处理效果来看,利用已有正确道路节点对存在干扰因素的路段进行整体约束可明显

(a) 卫星影像未引入树木遮挡处理策略时提取效果

(b) 卫星影像引入树木遮挡处理策略后提取效果

(c) 卫星影像未引入阴影遮挡处理策略时提取效果　　　　(d) 卫星影像引入阴影遮挡处理策略后提取效果

(e) 航空影像路面存在树木、阴影时的处理效果

图 7.25　路面存在树木、阴影干扰时算法提取结果(见彩图)

改善由干扰因素引起的道路节点位置偏差，这丰富了道路段提取的理论基础，对道路网组网具有重要意义。

3. 与其他道路提取方法的比较

在本实验中，挑选包含不同曲率道路的两幅 SPOT-5 遥感影像[图 7.26(a)和图 7.27(a)]，分别运用 Seung 等提出的算法(Seung et al.，2010)与本章算法提取两幅影像上的道路中心线[图 7.26(b)、(c)与图 7.26(b)、图 7.26(c)]，然后通过目视观察提取结果来对比这两种算法。此外，利用无道路中心线标志的影像比较本章算法与张睿等提出的算法(张睿等，2008)的提取效果[图 7.28(a)和(b)]。

(a) 包含曲率较小道路的原始影像

(b) Seung等提出的算法的提取结果(方框为种子点区域)

(c) 本章算法提取结果

图7.26 包含曲率较小道路的遥感影像提取效果对比(登封地区2.5m分辨率SPOT-5遥感影像)

(见彩图)

(a) 包含曲率较大道路的原始影像

(b) Seung等提出的算法的提取结果(方框为种子点区域)

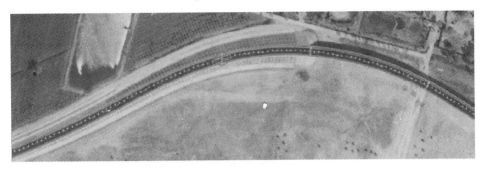

(c) 本章算法提取结果

图 7.27　包含曲率较大道路的遥感影像提取效果对比(登封地区 2.5m 分辨率 SPOT-5 遥感影像)

(见彩图)

(a) 张睿等提出的算法提取结果

(b) 本章算法提取结果

图 7.28　张睿等提出的算法与本章算法提取结果对比(郑州城区 1m 分辨率 IKONOS 遥感影像)

(见彩图)

　　从目视效果来看，本章算法比 Seung 等提出的算法的提取效果好，尤其在处理道路曲率较大的路段时，本章算法具有明显的优势。如图 7.26(b)中标识的①、②、③区域及图 7.27(b)影像标识的①区域为 Seung 等提出的算法提取效果出现明显偏差的位置。从图 7.26(c)中可以看出本章算法提取效果有明显改善，获取的道路节点比较光滑。

如图 7.27(b)所示，Seung 等提出的算法在存在车辆干扰[如图 7.27(b)中②区域]及路面标志线[如图 7.27(b)中③、④区域]影响时的偏离较大。从图 7.27(c)可以看出本章算法提取效果明显优于 Seung 等提出的算法。此外，实验过程中也发现，利用本章算法进行道路提取时对种子点选取要求较低，Seung 等提出的算法对种子点依赖性较大。

图 7.28 显示的是张睿等提出的算法与本章算法提取结果的对比图，实验使用数据为无道路中心线标志的影像，路面干扰因素较少，由目视观察可知，本章算法的提取效果有所改善，适应性较强。

分别利用图 7.26 和图 7.27 来验证算法的提取效率，提取效率的评价指标由在影像上识别相同长度道路所需时间来衡量。不同算法的道路提取效率对比如表 7.2 所示。

表 7.2　不同算法的道路提取效率对比

算法类型	评价指标	影像类型	
		影像 1	影像 2
Seung 等提出的算法	提取道路长度/cm	15.6	12.9
	计算时间/ms	82	61
本章算法	提取道路长度/cm	15.6	12.9
	计算时间/ms	32	31

由表 7.2 的对比结果可以看出，方向纹理特征计算简便，在提取效率方面优势明显。

从以上实验可以看出，利用方向纹理特征提取道路是可行的，准确性比较高，用时短，能够提高道路智能化提取的效率。算法对单个道路识别能力较强，可以较完整地将道路提取出来。就适用性而言，算法可以提取包括铁路、高速公路、等级公路、具有一定宽度的河流、沟渠等。典型线状地物在影像上的宽度为 5 个像素以上，具有明显的边界特征。

7.6.2　道路曲线拟合实验

本节挑选不同类型遥感影像进行实验，目的是验证利用三次样条插值函数拟合道路中心线的效果，通过将拟合曲线与人工判读道路曲线进行对比，验证算法的可行性和正确性。验证实验采用均方根误差作为评价道路提取结果指标，均方

根误差表示提取出的道路网与标准参考道路之间的平均距离，反映了提取算法的几何精度，其表达式为

$$\mathrm{RMSE} = \sqrt{\frac{\sum\limits_{i=1}^{K}(d(\mathrm{ext}_i;\mathrm{ref})^2)}{K}} \tag{7.26}$$

式中，K 表示正确匹配的道路分段的数目；$d(\mathrm{ext}_i;\mathrm{ref})$ 表示第 i 个道路分段与参考标准道路之间的欧氏距离。

分别采用不同地区 2.5m、5m 分辨率 SPOT-5 全色卫星影像、登封地区 2m 分辨率 WorldView-2 多光谱卫星影像、大连地区 2.4m 分辨率 QuickBird 多光谱卫星影像进行验证，利用目视效果及定量指标分析算法拟合曲线的正确性。

实验中，首先对提取的道路节点进行三次样条插值，然后利用最小二乘匹配算法对插值点位置进行校正和精匹配以获取最终的中心线拟合结果，实验结果如图 7.29 所示。

图 7.29(a) 为原始道路影像，道路有一定曲率变化，道路边界与周围地物差异较大；图 7.29(b) 为利用方向纹理特征提取得到的道路节点；图 7.29(c) 为三次样条插值后效果；图 7.29(d) 为采用本章算法对插值点经过位置调整与最小二乘匹配后的拟合结果。从目视效果来看，与直接采用三次样条插值相比，校正后曲线位置精度明显提高，校正算法能够将偏离中心线位置的插值点纠正到中心线上(如图 7.29 中位置①、②、③处)，说明校正算法具有一定的可行性和合理性。

利用吐鲁番地区曲率变化较大遥感影像进行实验的结果如图 7.30 所示。

图 7.30(a) 为原始道路影像，道路曲率变化较大，道路边界与周围地物差异较小；图 7.30(b) 为利用方向纹理特征得到的道路节点，图 7.30(c) 为三对插值点经过位置调整与最小二乘匹配后的拟合结果。从目视效果来看，校正后曲线更加光滑，位置精度明显提高，校正算法能够将偏离中心线位置的插值点纠正到中心线上，由此可见，对于直线道路、弯曲道路，校正算法都可以将中心线准确拟合。

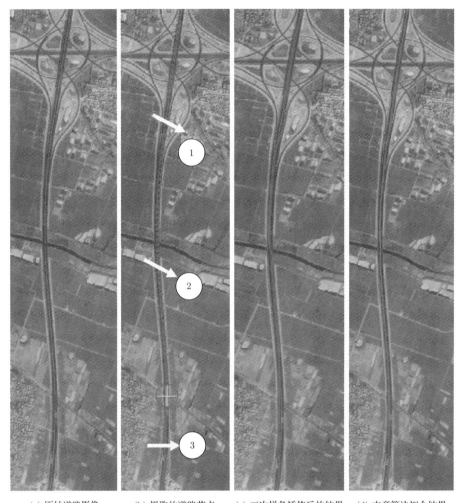

(a) 原始道路影像　　　　(b) 提取的道路节点　　　(c) 三次样条插值后的结果　　(d) 本章算法拟合结果

图 7.29　登封地区 2.5m 分辨率 SPOT-5 卫星全色影像道路提取及拟合中心线结果(见彩图)

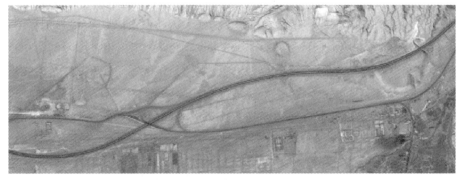

(a) 吐鲁番地区原始影像

(b) 本章算法计算的道路节点

(c) 道路曲线拟合结果

图 7.30　吐鲁番地区 5m 分辨率 SPOT-5 卫星全色影像道路提取及拟合中心线结果(见彩图)

利用其他多源影像进行实验的结果如图 7.31 和图 7.32 所示。

(a) 原始影像

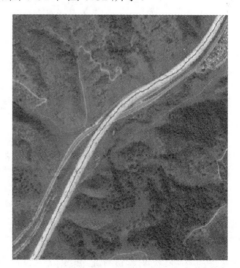

(b) 道路中心线拟合结果

图 7.31　登封地区 2m 分辨率 WorldView-2 卫星多光谱影像道路提取及拟合中心线结果(见彩图)

(a) 原始影像

(b) 道路中心线拟合结果

图 7.32 　大连地区 2.4m 分辨率 QuickBird 多光谱影像道路提取及拟合中心线结果(见彩图)

图 7.31 为登封地区 2m 分辨率 WorldView-2 多光谱影像，道路为位于山地丘陵之间的水泥高速公路，色调较亮，道路边界明显，从目视提取效果来看，经过拟合后道路中心线曲率光滑。图 7.32 为大连地区高分辨率影像，道路为田间沥青高速公路，道路宽度约为 10 个像素，道路上地物较少，曲率变化明显，从拟合效果来看，算法能够有效克服地物遮挡带来的干扰(见图 7.32 中标识①处桥梁遮挡)，标识②处为车辆压盖处理效果，由于基于方向纹理特征的道路中心线匹配算法中已包含车辆的处理策略，为避免车辆边界梯度极值对校正结果的干扰，在对三次样条结果进行校正时，保留原始道路中心线节点，结果显示，这种方法更具合理性，车辆处理效果明显。

利用均方根误差对算法拟合结果与参考标准道路中心线之间距离进行统计和评价，结果如表 7.3 所示。

表 7.3　不同类型影像的道路提取结果精度对比

评价指标	影像类型		
	吐鲁番地区影像	登封地区影像	大连地区影像
均方根误差	0.93	0.67	0.73

实验结果表明，优化后曲线拟合算法对不同类型道路具有较强的适应性，平均均方根误差为 0.777，其中吐鲁番地区卫星全色影像道路拟合精度最高，达到 0.93，原

因是吐鲁番地区影像分辨率较低，且影像上道路干扰因素较少，灰度、纹理特征明显，当影像分辨率提高时，影像上道路宽度明显增大，道路上干扰因素增多，道路自身特征比较复杂，因此利用道路边界梯度进行校正时，其精度要比低分辨率影像差。

7.6.3　算法的效率分析

为了评价交叉口间路径搜索算法的计算效率，分别对实验影像节点提取速度及曲线拟合速度进行统计，并将本章算法提取速度与 Erdas Imagine 9.2 软件中 Easytrace 道路提取模块进行比较，结果如表 7.4 所示。

表 7.4　不同类型影像的道路提取效率对比

评价指标	影像类型					
	影像 1	影像 2	影像 3	影像 4	影像 5	影像 6
正确提取道路长度/cm	15.6	12.9	15.3	12.3	18.5	13.3
节点搜索计算时间/s	3.257	2.667	3.234	3.172	3.636	3.112
道路拟合计算时间/s	1.237	1.562	1.821	1.042	1.890	1.736
总时间/s	4.494	4.229	5.055	4.214	5.526	4.848
提取速度/(cm/s)	3.471	3.050	3.027	2.919	3.348	2.743
Easytrace 提取时间	9.5	10.4	12	8.9	10.7	12.6
Easytrace 提取速度	1.642	1.240	1.275	1.494	1.729	0.976

表 7.4 中，影像 1 与影像 2 为图 7.26 和图 7.27 中登封地区 2.5m 分辨率卫星遥感影像，影像 3 为图 7.30 中吐鲁番地区 5m 分辨率卫星全色影像，影像 4 为图 7.31 中登封地区 2m 分辨率多光谱影像，影像 5 为图 7.32 中大连地区 2.4m 分辨率多光谱影像，影像 6 为图 7.22 中纽约地区 2m 分辨率多光谱影像。由表中对 6 组数据统计结果可知，路径搜索算法的效率较高，平均搜索速度为 3.093cm/s。对数据进行横向分析可知，路径搜索算法效率与分辨率、场景复杂度等因素有关。例如，比较影像 1 与影像 6 的提取情况，影像 1 的像素分辨率比影像 6 低，且影像 1 为卫星全色影像，提取过程中计算量明显小于影像 6，因此其提取速度较快。在卫星全色影像实验中，影像 1 的分辨率高，道路细节特征显著，可利用的道路信息准确，干扰因素较少，因此提取速度最快。在多光谱影像实验中，影像 5 的分辨率较高，道路目标特征显著性效果最好，因此其提取速度最快，影像 4 中道路场景简单，遮挡因素较少，且道路边界特征明显，故其提取速度高于影像 6。与 Easytrace 道路提取模块相比，本章路径搜索算法提取速度明显高于该模块，约为 Easytrace 的 2.5 倍，这也说明本章构建道路段模型的合理性及优越性。

7.6.4　实验结论

影像道路节点提取与道路连接是道路网组网中的重要步骤，通过上述理论分析和实验研究，可以得出如下结论。

(1)能够对高分辨率遥感影像道路节点进行准确提取，能够对影像上不同特征的道路(直路、弯路、窄路、宽路、立交桥道路)及不同场景的道路(无干扰因素、存在干扰因素)准确识别。

(2)与Seung等提出的算法相比，本章算法提取道路节点的效果较好，且对种子点的要求较低，可克服Seung等提出的算法对种子点敏感性强的缺点；从处理的效率来看，本章算法提取效率约为Seung等提出的算法的3倍。

(3)与张睿等提出的算法相比，本章算法有一定的改进，在自动计算道路初始搜索方向、道路宽度基础上，设计了车辆压盖、地物遮挡等干扰因素存在时的提取策略，实验结果显示，提取效果优于张睿等提出的算法。

(4)本章设计的曲线拟合方法精度较高，可准确地拟合道路中心线，平均均方根误差为0.777。

(5)本章算法道路段路径搜索效率高于Easytrace，约为该模块提取速度的2.5倍，具有较好的应用价值。

(6)本章路径搜索算法可用于交叉口间的路径搜索，也可用于半自动道路信息采集中，使用过程中利用一个或两个种子点初始化道路模板，种子点位置需选在道路中心线上，实验表明，这样可提高初始化道路模板的效率，并能够提高搜索的准确性。

7.7　本 章 小 结

完成道路交叉口位置提取与类型识别后，为了提取整幅影像道路网，需对道路交叉口之间道路段进行搜索与连接。本章工作重点是研究交叉口间的路径搜索方法，主要内容包含两部分：道路段节点搜索与道路曲线拟合。为了搜索不同场景中道路段节点，本章对基于方向纹理特征的道路节点搜索方法进行了改进，将路面视觉特征引入搜索过程，分别针对场景中无干扰因素及场景中存在干扰因素两种情况设计了不同的处理策略，完善了基于方向纹理特征提取方法的理论。在获取道路节点基础上，利用最小二乘匹配方法和三次样条插值方法拟合道路中心线。利用多组实验对算法的正确性和效率进行验证，结果表明，交叉口间路径搜索方法能够准确地搜索道路中心线节点，拟合的道路中心线位置精度较高，与现有算法及Easytrace相比，本章算法在提取精度及处理效率上的优势明显。

第8章 道路网构建及道路提取系统设计

在确定交叉口位置及交叉口间路径搜索方法后，可利用一定规则构建整幅影像道路网。本章针对道路网构建方法进行研究，通过道路网组网与道路网修整完成道路网拓扑关系的构建。在前面理论及方法指导下，开发单机版遥感影像道路智能提取系统，本章重点对系统设计环境、设计思想、系统软件模块构架、系统内部事件处理流程、系统主要功能等进行详细介绍。

8.1 道路网组网

8.1.1 道路网组网基本思想

本章对道路网组网是在获取影像交叉口位置与类型基础上进行的，道路交叉口同质区域中心可对应于道路网结构中的顶点，连接相邻交叉口之间的道路拟合曲线对应于道路网结构中的线。道路网拓扑结构构建过程分为两步：道路网组网与道路网规整。道路网组网的目的是判断交叉口之间的空间位置及相邻关系，构成初步影像道路网拓扑结构。组网时选定某交叉口为初始位置，利用道路方向搜索算法确定该交叉口道路分支的准确方向，沿不同道路分支匹配搜索道路节点，直至下一个交叉口处中止当前搜索并存储当前顶点与路段信息，然后从新交叉口位置继续搜索直至遍历所有交叉口；道路网规整是对道路网拓扑结构的后处理过程，是对道路网中路段节点的梳理，由于影像上场景复杂，干扰因素较多，因此利用匹配搜索算法获取的道路段节点可能会延伸至周围场景，使得节点偏离道路中心线，对道路网规整的目的是保留位于道路上的节点，并对这些节点进行曲线拟合，最后将顶点及路段信息存储到相应表结构中，形成完整的道路网拓扑结构。影像上道路网拓扑结构构建的流程如图 8.1 所示。

其中，道路分支方向是通过计算道路的方向纹理特征值获取的，以前面算法检测的交叉口分支方向为初始方向，在初始方向邻域一定范围内计算方向纹理矩形特征值，纹理特征值出现极值的方向即为道路方向。确定道路分支方向后，以交叉口同质区域为中心开始计算，沿每个分支方向构建道路方向纹理特征矩形，并行搜索道路节点并更新道路方向，同时判断相邻交叉口中心点是否位于当前纹理特征矩形区域内，若在区域内，则完成一个路段的构建，并将此路段的顶点与路段信息保存至拓扑结构表中，从下一个交叉口开始继续处理，直至遍历所有交叉口，形成初步的道路网拓扑结构。

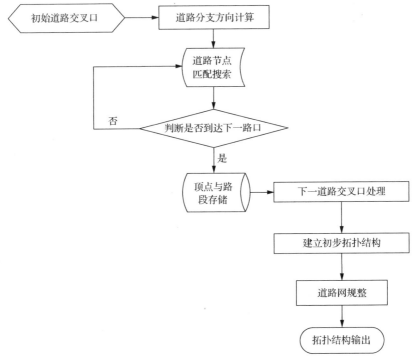

图 8.1　影像上道路网拓扑结构构建的流程示意图

8.1.2　道路网组网实验

结合交叉口识别结果及道路匹配搜索方法对道路网进行组网，分别挑选多幅遥感影像对算法提取道路网的完整性与正确性进行验证。相邻交叉口之间道路节点搜索示意图如图 8.2 所示。

(a) 相邻丁字形交叉口之间道路节点搜索示意图　　(b) 相邻十字形交叉口之间道路节点搜索示意图

图 8.2　相邻交叉口之间道路节点搜索示意图(见彩图)

利用多幅真实遥感影像进行道路网提取的结果如图 8.3~图 8.7 所示。

1)实验 1(纽约地区 2m 分辨率 GeoEye-1 卫星影像道路网提取实验)

实验 1 所选影像为包含城市居民地道路网的高分辨率遥感影像，影像上包含道路种类较多(直路、弯路、宽路)，整幅影像中道路色调变化较大，影像下半部分道路色调较亮，影像左上角部分区域道路色调较暗，且道路段之间曲率变化不同。从提取结果来看，提取的完整性较高，提取结果基本能够覆盖影像道路区域。从道路节点位置精度看，本书算法能将交叉口之间道路节点完整地搜索出来，且能克服车辆、树木的干扰。此幅影像中未识别的道路段有 3 处(图 8.3 标识①、②、③处)，标识①和②处道路段未识别的原因在于此路段交叉口检测不完整，

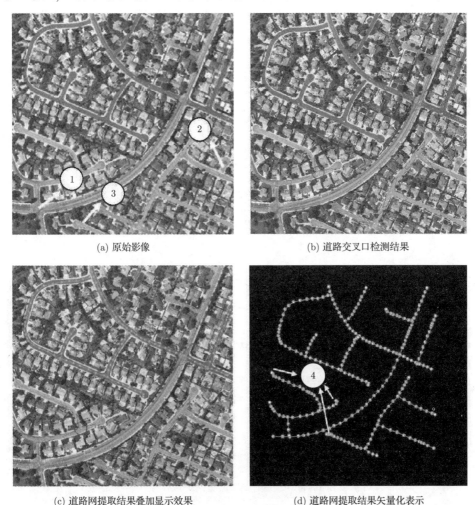

(a) 原始影像　　　　　　　　　　　(b) 道路交叉口检测结果

(c) 道路网提取结果叠加显示效果　　　(d) 道路网提取结果矢量化表示

图 8.3　2m 分辨率 GeoEye-1 卫星影像道路网提取结果(纽约地区影像)(见彩图)

标识③处道路为孤立道路，与其他路段无明显拓扑关系连接，搜索算法无法延伸至该路段。图 8.3 中标识④处由于道路段末端宽度变化较大，搜索算法会产生冗余节点。

2)实验 2(巴黎郊区 1.8m 分辨率 WorldView-2 卫星影像道路网提取实验)

实验 2 所选影像为包含郊区道路网的高分辨率遥感影像，影像上道路主要以直线道路为主，拓扑结构清晰明了，整幅影像中道路色调均匀，路面存在树木、阴影遮挡等干扰因素。从提取结果的完整性来看，算法对直线道路网具有较好的处理效果。从道路节点位置精度来看，算法能将交叉口之间道路节点完整地搜索出来，且能克服树木、建筑物阴影的干扰。此外，此影像中标识①处与标识②处虽然未检测出道路交叉口，但是由于影像道路存在连通性特点，算法仍可通过相邻交叉口搜索道路节点，取得了较好的效果。

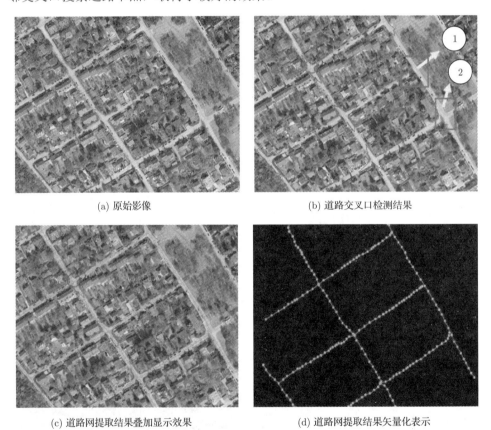

(a) 原始影像　　　　　　　　　　　(b) 道路交叉口检测结果

(c) 道路网提取结果叠加显示效果　　　　　(d) 道路网提取结果矢量化表示

图 8.4　1.8m 分辨率 WorldView-2 卫星影像道路网提取结果(巴黎郊区影像)(见彩图)

3)实验 3(巴黎城区 1m 分辨率航空影像道路网提取实验)

实验 3 所选影像为包含城市居民地道路网的高分辨率遥感影像,影像上道路网以直线道路为主,整幅影像中道路色调均匀,道路段曲率变化较小,路面干扰因素主要以车辆、树木为主。由于道路交叉口检测的完整性较好,因此算法对道路网连接完整性较高,提取结果基本能够覆盖影像道路区域。此幅影像中未识别的道路段有 1 处(图 8.5 中标识①处),原因在于此路段位于影像边界处,且路面特征被树木遮挡严重,无法准确检测该路段交叉口位置。

(a) 原始影像

(b) 道路交叉口检测结果

(c) 道路网提取结果叠加显示效果

(d) 道路网提取结果矢量化表示

图 8.5　1m 分辨率航空影像道路网提取结果(巴黎城区影像)(见彩图)

4)实验 4(登封地区 2.4m 分辨率 QuickBird 卫星影像道路网提取实验)

实验 4 所选影像为包含郊区道路网的高分辨率遥感影像,影像上道路网以直线道路为主,道路宽度变化较大,整幅影像中道路色调均匀,干扰因素较少。由于道路交叉口检测的完整性较好,因此算法对道路网连接完整性较高,提取结果基本能够覆盖影像道路区域。此幅影像中未识别的道路段有 1 处(图 8.6 标识①处),原因在于该路段与相邻交叉口之间距离过长,路面特征与种子点区域特征相差较大,算法误将节点处的特征视为其他地物导致 F_{local}=0 而中止搜索。

(a) 原始影像

(b) 道路交叉口检测结果

(c) 道路网提取结果叠加显示效果

(d) 道路网提取结果矢量化表示

图 8.6　2.4m 分辨率 QuickBird 卫星影像道路网提取结果(登封地区郊区影像)(见彩图)

5)实验 5(登封地区 2.5m 分辨率 SPOT-5 卫星影像道路网提取实验)

实验 5 所选影像为包含城区道路网的高分辨率全色遥感影像,影像上道路网以直线道路为主,道路宽度变化较大,整幅影像道路场景复杂,干扰因素较多,很多道路延伸至居民地中。从提取目视效果来看,提取的道路网基本可反映道路拓扑结构,在图 8.7 标识①处,由于路面特征受周围地物影响严重,算法出现连接中断现象,在图 8.7 标识②处,算法沿道路分支方向搜索时发生中断,这是由道路延伸至居民地后其路面视觉特征产生较大改变引起的。

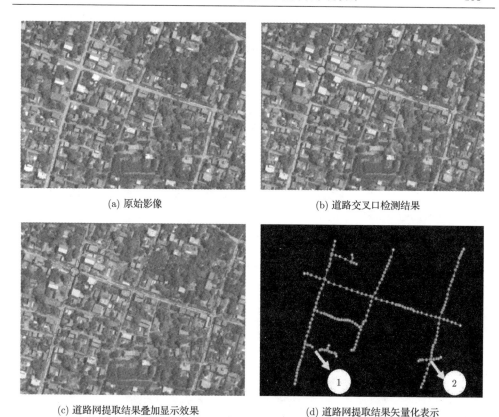

(a) 原始影像　　　　　　　　　　　　　(b) 道路交叉口检测结果

(c) 道路网提取结果叠加显示效果　　　　　　(d) 道路网提取结果矢量化表示

图 8.7　2.5m 分辨率 SPOT-5 卫星影像道路网提取结果(登封地区城区影像)(见彩图)

　　综合分析 5 组实验可得出以下结论：①本书算法能够较完整地提取多源遥感影像上不同类型道路网，构建的道路网拓扑结构准确、全面；②由于整幅影像道路具有连通性特点，因此影像交叉口检测结果对道路网构建完整性的影响很小；③由于实际影像场景受各种噪声因素干扰较多，因此提取结果会出现连接中断现象，而且当道路段末端宽度发生变化时，道路节点会产生冗余，这需要通过后处理方法解决。

8.2　道路网修整

　　由以上分析可知，由于噪声的存在，利用提取算法搜索得到的初步道路网中会存在两个问题：一是道路段之间连接中断(图 8.6 和图 8.7 中标识①处)；二是道路段末端节点冗余(图 8.3 中标识④处)。为了解决这两个问题，需对提取结果进行后处理，去除道路冗余节点并将中断道路段进行连接。

经过上述运算，提取出的道路段为一系列矩形区域，矩形的方向代表道路宽度，同一条道路上矩形区域之间方向与距离比较接近，如图 8.8(a)所示。

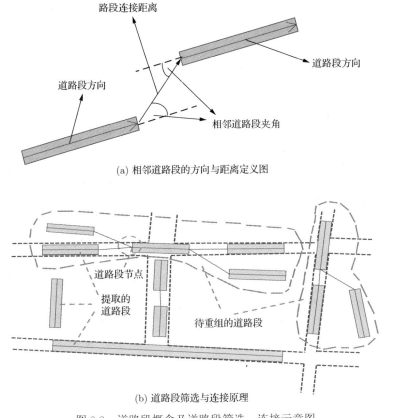

(a) 相邻道路段的方向与距离定义图

(b) 道路段筛选与连接原理

图 8.8　道路段概念及道路段筛选、连接示意图

道路段的连接长度越小、相邻道路段夹角越小，这两个路段为同一道路的可能性就越大。受噪声影响，道路段可能被其他地物中断，道路仍是不连续的，需要对中断的道路段进行连接组成连续的道路网，连接时将道路段节点之间的距离及道路段中间的夹角作为评价的主要因素，示意图如图 8.8(a)所示。

将可能在同一条直线上的候选路段进行组合，例如，图 8.8(b)中，左上方的五个道路段组合为一个集合，右边的三个道路段组合为另一个集合，连接时考虑集合内所有道路段之间的距离及相邻道路段的方向变化率两个因素。如图 8.8(b)所示，对于多个路段的连接，本书考虑的方法是将多路段分解为单个路段进行处理，影像上道路的方向在同一路段上是基本不变的，当遇到交叉口或多个路段时，道路方向会发生改变，例如，在丁字形交叉口附近，道路方向会产生90°的改变，利用此特点能够判读是否到达道路节点，若到达交叉口区域，则产生新的道路分支，并保存入库。

在此基础上，为了提高提取的正确率，对道路网进行修整时采用人工干预引导的方法，目的是保证道路网提取的完整性和正确性。通过人工干预的方法检查道路节点是否存在冗余，将冗余节点去除，然后将未连接的路段用离散节点进行连接。对 8.1.2 节中实验 1 与实验 5 进行后处理的结果如图 8.9 所示。

(a) 实验1影像后处理结果　　　　　　　　　　(b) 实验5影像后处理结果

图 8.9　后处理后道路网拓扑结构示意图

后处理完毕后，利用曲线拟合方法将节点拟合为连续光滑曲线作为道路网最终结果。对 8.1.2 节中 5 组数据进行后处理和曲线拟合，结果如图 8.10 所示。

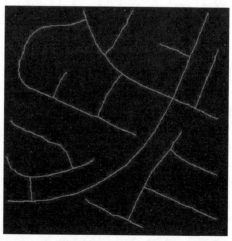

(a) 对图8.3影像的道路提取结果及矢量化显示效果

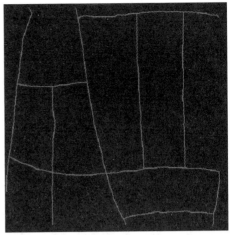

(b) 对图8.4影像的道路提取结果及矢量化显示效果

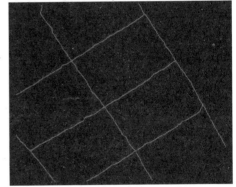

(c) 对图8.5影像的道路提取结果及矢量化显示效果

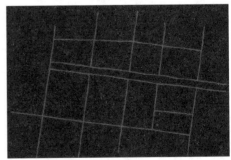

(d) 对图8.6影像的道路提取结果及矢量化显示效果

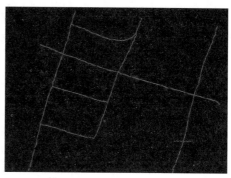

(e) 对图8.7影像的道路提取结果及矢量化显示效果

图 8.10　影像道路网提取结果(见彩图)

由图 8.10 可以看出，经过修正及连接后获取的道路网比较完整，曲线可以基本反映道路中心线的曲率变化，在算法计算过程中构建的道路网拓扑结构如图 8.11 所示。

图 8.11 中，深灰色圆圈表示交叉口位置，浅灰色圆圈表示搜索过程中产生的道路端点，中间的连线表示端点之间的道路段。对图 8.11 进行分析可知，道路网中交叉口节点对于构建整幅影像道路网拓扑结构具有重要作用，沿道路交叉口各个分支方向进行搜索可获取道路端点。由图 8.11 也可以看出，本书算法构建的道路拓扑关系清晰明了，便于入库及后续应用。

利用完整性与正确性指标对 5 组数据进行定量分析，结果如表 8.1 所示(其中影像编号 1～5 分别对应图 8.3～图 8.7)。

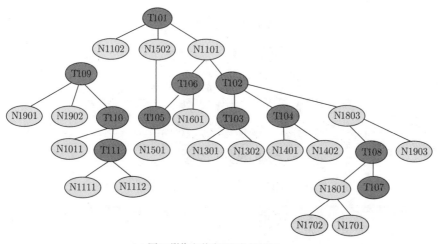

(a) 图8.3影像中道路网拓扑结构图

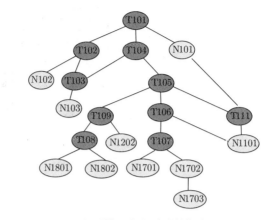

(b) 图8.4影像中道路网拓扑结构图

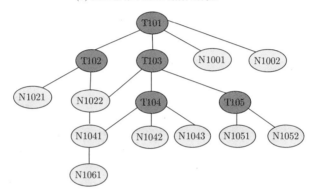

(c) 图8.5影像中道路网拓扑结构图

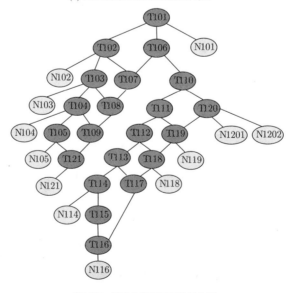

(d) 图8.6影像中道路网拓扑结构图

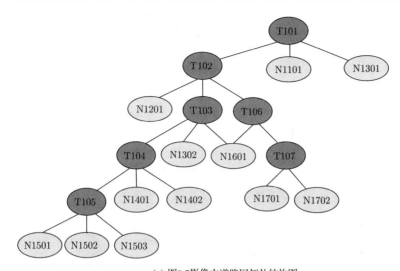

(e) 图8.7影像中道路网拓扑结构图

图 8.11　提取的道路网拓扑结构图

表 8.1　道路网提取精度统计

影像编号	实际道路总长度/cm	提取道路总长度/cm	正确提取道路长度/cm	完整率/%	正确率/%
1	154.2	143.9	136.5	88.52	94.86
2	116.3	106.1	100.2	86.15	94.44
3	127.5	121.9	120.7	94.67	99.02
4	210.8	197.9	189.5	89.90	95.76
5	120.9	101.3	89.3	73.86	88.15
平均值				86.62	94.44

其中，完整率=(正确提取道路长度/实际道路总长度)×100%，正确率=(正确提取道路长度/提取道路总长度)×100%。从统计结果来看，实验 3 的完整性最好，这是因为实验 3 中影像场景比较简单，道路主要以直线道路为主，影像上交叉口数目较少，虽然交叉口检测算法未能将所有路口检测出，但是由于算法提取时充分考虑了道路的连通性，因此其完整性受交叉口提取结果影响较小。实验 5 全色影像提取结果最差，本书算法对该影像上相互垂直的主要道路提取效果好，但对于延伸至周围居民地中的道路段提取错误率及完整性较差，需要人工干预引导算法完成搜索。对 5 组数据实验的平均正确率为 94.44%，平均完整率为 86.62%，表明算法对多源遥感影像的道路网具有较好的提取效果，这也验证了本书道路网

提取方法的合理性和有效性。

8.3　高分辨率遥感影像道路信息提取系统设计

8.3.1　系统设计环境介绍

依据以上理论和算法,作者设计开发了基于 Windows 系统平台下的遥感影像道路信息提取系统,开发环境为 Visual C++6.0 编程。系统主要功能包括遥感影像读取模块、影像预处理模块、道路信息提取模块、道路后处理模块、其他功能模块等。遥感影像道路信息提取系统开发环境示意图如图 8.12 所示。

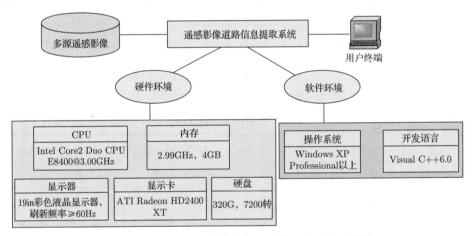

图 8.12　遥感影像道路信息提取系统开发环境示意图

1in=2.54cm

系统具备针对多源遥感影像的读取、预处理、分析等功能,系统可通过人机交互方式获取影像目标种子点或初始信息,依此构建道路目标初始模板。道路目标在影像上主要表现为线状特征,针对道路目标提取任务特点,系统设计了与线状地物特征相符的影像预处理模块,目的是增强道路目标与周围地物色调差异,使边界易于计算机辨别。系统核心模块是道路网提取、识别模块,包括影像道路交叉口位置检测与识别算法、道路节点匹配搜索算法、道路网构建及路段筛选连接算法、其他辅助功能(如精度评估)等。遥感影像道路信息提取系统事件处理流程如图 8.13 所示。

从系统事件处理流程来看,整个系统利用基于人机交互的方式进行智能化处理,将功能不同的各个模块高效融合并相互协作完成影像道路网的构建,道路提取的结果可对地理空间数据库进行补充和完善,同时系统又可访问不同类别地理空间数据库,对提取的精度进行评估,形成相对完善的智能化处理系统。

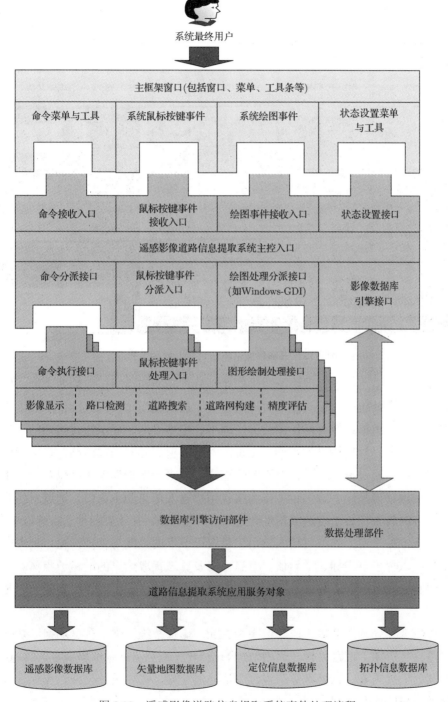

图 8.13　遥感影像道路信息提取系统事件处理流程

8.3.2　系统功能介绍

　　作者基于以上软硬件环境、系统框架功能及事件处理要求开发了遥感影像道路信息提取系统，系统主界面如图 8.14 所示。

图 8.14　遥感影像道路信息提取系统主界面

　　遥感影像道路信息提取系统提供影像预处理功能和道路提取辅助功能，影像打开后，客户区包括"工具箱""导航窗""放大镜""控制点维护"等工具。"工具箱"弹出框中包含对影像放大、缩小、拖拽漫游、显示模式等功能，便于用户对感兴趣目标地物进行查询、定位。"导航窗"是对当前活动窗口中影像的鸟瞰图，可以通过拖动矩形框对影响快速定位，"导航窗"中还可以对窗口影像显示比例进行调整。"放大镜"作为接收用户输入信息的主窗口，通过对影像局部区域实时放大使种子点选取精度到达 0.1 个像素值，有效提高种子点选取精度。"控制点维护"用于完成对输入输出矢量线段节点的控制与管理，窗口列表中显示用户输入种子点坐标、像素值等信息，以及算法提取结果的道路节点信息，该工具能够完成对控制点的导入、导出、删除等管理任务。各工具详细功能如图 8.15 所示。

　　"影像预处理"菜单完成影像噪声去除、影像边缘增强、灰度均衡等功能，目的是提高影像上道路目标与周围地物的差异性，增强道路目标自身显著性特征，抑制其他干扰因素。预处理算法包含中值滤波处理、影像线性拉伸、影像梯度锐化处理、灰度均衡处理等。

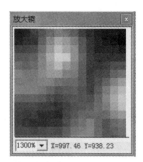

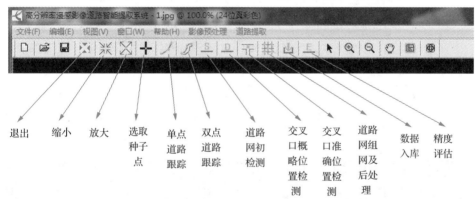

图 8.15　道路信息提取系统辅助工具功能示意图

　　系统核心模块包含道路交叉口检测识别、交叉口间道路节点搜索、初步路网组建及道路网后处理等算法，各算法功能及子菜单归纳如图 8.16 所示。

　　道路网提取的基础是道路交叉口位置检测与类型识别，系统分别采用基于可变形部件模型思想的交叉口检测方法与基于语义规则的交叉口检测方法对影像进行搜索。基于可变形部件模型思想的交叉口检测方法首先需要调用已训练完毕的交叉口模板，然后通过遍历窗口搜索方法计算当前窗口与模板之间的相似度，处理过程如图 8.17 所示。

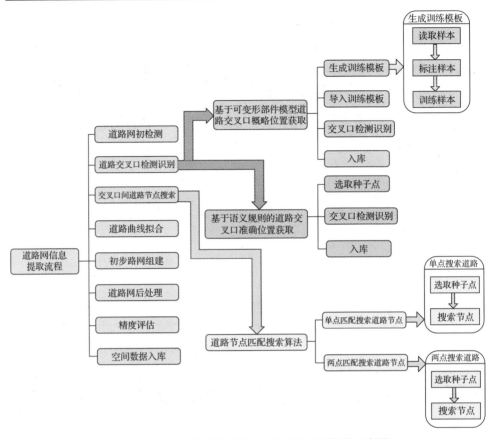

图 8.16 遥感影像道路网信息提取系统功能菜单示意图

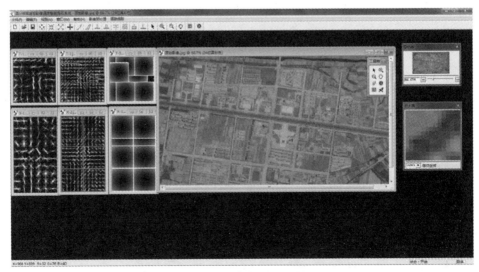

(a) 原始影像及丁字形与十字形交叉口模板示意图

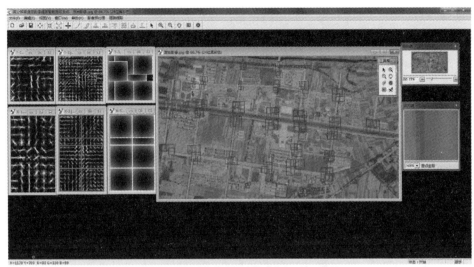

(b) 基于可变形部件模型的道路交叉口检测结果

图 8.17　遥感影像道路信息提取系统功能介绍(基于可变形部件模型的道路交叉口提取示意图)

　　基于语义规则的交叉口检测方法需要以人工交互方式输入种子点，算法统计种子点区域光谱特征，遍历搜索与交叉口语义特征最符合且与种子点区域光谱特征相似度最高的像素点，算法处理过程如图 8.18 所示。

图 8.18　遥感影像道路信息提取系统功能介绍(基于语义规则的道路交叉口提取示意图)

　　道路节点匹配搜索算法功能是完成道路交叉口之间路段的连接。交叉口检测方法与道路节点匹配搜索方法是道路网组网的必要组成部分，利用道路节点匹配搜索算法可以对道路网进行组网，也可以进行交互式道路提取，包含单点道路节点搜索与两点道路节点搜索，两者的区别是种子点数目不同，算法处理过程如图 8.19 所示。

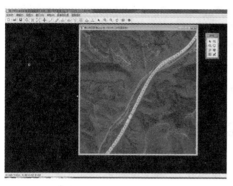

(a) 利用单个种子点匹配搜索道路节点结果　　(b) 利用两个种子点匹配搜索道路节点结果

图 8.19　遥感影像道路信息提取系统功能介绍(道路节点匹配搜索示意图)

根据道路网构建组网的思想对道路网进行组网，形成初步道路网拓扑结构，并利用样条函数拟合道路曲线，处理前后效果如图 8.20 所示。

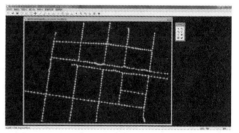

(a) 道路初始拓扑结构效果　　　　　　(b) 道路网初始拓扑结构矢量化显示

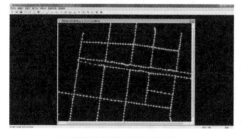

(c) 道路网连接及后处理结果　　　　　(d) 最终道路网提取结果及叠加显示效果

图 8.20　道路组网及后处理示意图

系统生成的道路网拓扑结构关系表如图 8.21 所示。

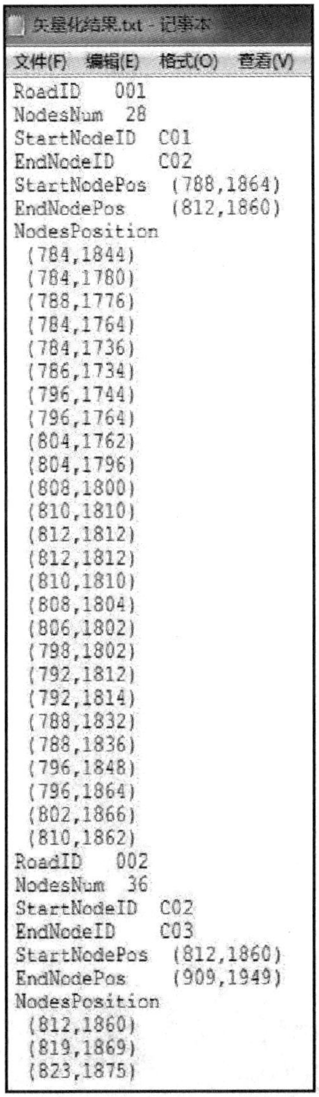

```
矢量化结果.txt - 记事本
文件(F)  编辑(E)  格式(O)  查看(V)
RoadID    001
NodesNum  28
StartNodeID   C01
EndNodeID     C02
StartNodePos  (788,1864)
EndNodePos    (812,1860)
NodesPosition
 (784,1844)
 (784,1780)
 (788,1776)
 (784,1764)
 (784,1736)
 (786,1734)
 (796,1744)
 (796,1764)
 (804,1762)
 (804,1796)
 (808,1800)
 (810,1810)
 (812,1812)
 (812,1812)
 (810,1810)
 (808,1804)
 (806,1802)
 (798,1802)
 (792,1812)
 (792,1814)
 (788,1832)
 (788,1836)
 (796,1848)
 (796,1864)
 (802,1866)
 (810,1862)
RoadID    002
NodesNum  36
StartNodeID   C02
EndNodeID     C03
StartNodePos  (812,1860)
EndNodePos    (909,1949)
NodesPosition
 (812,1860)
 (819,1869)
 (823,1875)
```

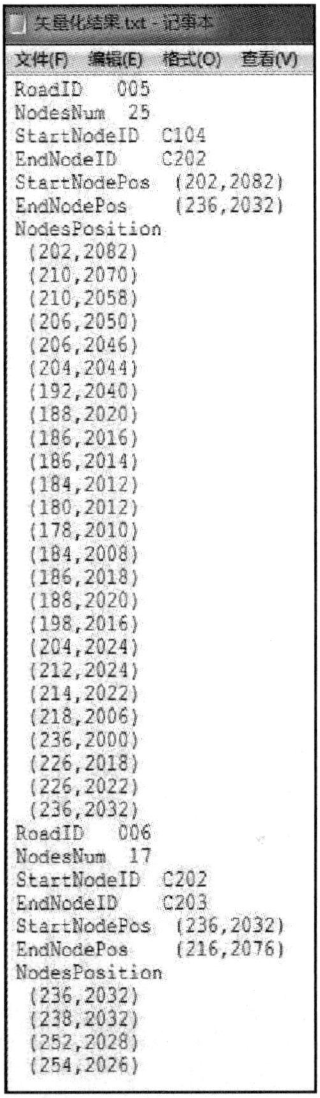

```
矢量化结果.txt - 记事本
文件(F)  编辑(E)  格式(O)  查看(V)
RoadID    005
NodesNum  25
StartNodeID   C104
EndNodeID     C202
StartNodePos  (202,2082)
EndNodePos    (236,2032)
NodesPosition
 (202,2082)
 (210,2070)
 (210,2058)
 (206,2050)
 (206,2046)
 (204,2044)
 (192,2040)
 (188,2020)
 (186,2016)
 (186,2014)
 (184,2012)
 (180,2012)
 (178,2010)
 (184,2008)
 (186,2018)
 (188,2020)
 (198,2016)
 (204,2024)
 (212,2024)
 (214,2022)
 (218,2006)
 (236,2000)
 (226,2018)
 (226,2022)
 (236,2032)
RoadID    006
NodesNum  17
StartNodeID   C202
EndNodeID     C203
StartNodePos  (236,2032)
EndNodePos    (216,2076)
NodesPosition
 (236,2032)
 (238,2032)
 (252,2028)
 (254,2026)
```

图 8.21　道路网拓扑结构关系表

系统具备道路网提取精度评估功能，可导入矢量数据库或手工绘制道路网进行精度评估。评估指标采用完整性、正确率和均方根误差作为评价道路提取指标。其中，完整性是指算法提取的道路长度与参考标准的道路长度的比值(靳彩娇，2013)，其表达式为

$$\text{Completeness} = \frac{\text{TP}}{\text{TP} + \text{TN}} \tag{8.1}$$

式中，TP 表示算法提取出的正确道路长度；TN 表示未提取出的道路长度。

正确率是指提取出的正确道路长度占提取出的所有道路长度的比值，其表达式为

$$\text{Correctness} = \frac{\text{TP}}{\text{TP} + \text{FN}} \tag{8.2}$$

式中，TP 表示算法提取出的正确道路长度；FN 表示提取出的错误道路长度。

均方根误差表示提取出的道路网与标准参考道路之间的平均距离，反映了提取算法的几何精度，其表达式为

$$\text{RMSE} = \sqrt{\frac{\sum_{i=1}^{K}(d(\text{ext}_i;\text{ref})^2)}{K}} \tag{8.3}$$

式中，K 表示正确匹配的道路分段的数目；$d(\text{ext}_i;\text{ref})$ 表示第 i 个道路分段与参考标准道路之间的距离。

8.3.3　综合性实验

这里分别利用两组高分辨率遥感影像进行道路网提取综合实验，其中，实验 1 对高分辨率航空影像进行提取，验证系统处理航空影像的效果；实验 2 对高分辨率卫星影像进行提取，验证系统处理卫星影像的效果。

1)实验 1(高分辨率航空影像提取实验)

实验 1 影像为 0.5m 分辨率全色航空影像，影像区域为加利福尼亚地区，影像大小为 1554×1391，整幅影像上的道路宽度基本不变，道路交叉口数目较多，道路边界特征明显，道路类型较多。利用本书算法提取的道路网如图 8.22 所示。

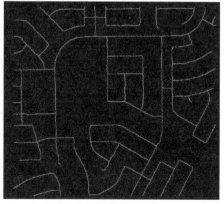

(a) 本书算法提取的道路网与原始影像叠加效果　　　　　(b) 本书算法提取的道路网矢量化结果

图 8.22　全色航空影像道路网提取实验

2)实验 2(高分辨率卫星影像提取实验)

实验 2 影像为 1.65m 分辨率 GeoEye-1 卫星多光谱影像,影像区域为滑铁卢地区,影像大小为 1276×1261,整幅影像上的道路宽度变化较大,道路交叉口数目较少,道路边界特征较弱,路面干扰因素种类较多。利用本书算法提取的道路网如图 8.23 所示。

(a) 本书算法提取的道路网与原始影像叠加效果　　　　(b) 本书算法提取的道路网矢量化结果

图 8.23　高分辨率卫星影像道路网提取实验

8.4　系统使用时需要注意的问题

本书设计了高分辨率遥感影像道路网信息提取系统,系统使用过程中需注意以下事项:

(1)适用范围。本系统不适用于中低分辨率遥感影像道路提取,仅适用于分辨率大于 5m、道路宽度大于 5 个像素的高分辨率遥感影像。

(2)使用环境。本系统采用 Windows 系统环境,因此仅支持 Windows 操作系统。

(3)系统接口。系统可输出矢量化的道路网提取结果,输出格式为文本文件、CAD 格式文件。

(4)人工干预问题。通过实验室大量实验发现,种子点数目及质量对道路网提取效果具有直接影响,使用系统时应准确地输入种子点位置。在后处理阶段,进行适当人工干预可提高道路网提取的精度。

8.5　本　章　小　结

本章介绍了利用交叉口提取结果与交叉口间路径搜索方法构建道路网的方法与步骤，通过道路网组网及道路网修整完成道路网的提取工作。依据本书理论与方法，本章设计开发了遥感影像道路网信息提取系统，介绍了系统设计环境、处理流程、模块功能等内容，并利用卫星影像及航空影像对系统进行综合实验，取得了较好的提取结果。

第9章 总结与展望

9.1 总 结

本书围绕高分辨率遥感影像道路网进行研究,针对高分辨率遥感影像道路网特征及提取任务设计了道路网提取方法,完成的主要工作如下。

(1)构建了符合高分辨率遥感影像特征的道路网模型,设计了高分辨率影像道路网提取方法。高分辨率遥感影像信息丰富,场景复杂,影响道路网提取的因素较多。本书在详细分析国内外道路网提取方法研究现状的基础上,总结了目前道路网提取方法中存在的问题,明确了本书要研究和解决的主要问题。针对高分辨率影像上道路网呈现的特征设计了道路网的基本模型,将高分辨率影像道路网视为由道路交叉口、道路段、道路拓扑结构三部分组成的目标,分别介绍了模型中各组成部分的定义及特征,并依据模型特征设计了道路网提取方法,详细阐述了道路网提取的关键技术和步骤。

(2)采用可变形部件模型思想对道路网进行初检测及交叉口位置概略定位。为了提高搜索效率,本书利用可变形部件模型思想提取交叉口概略位置,根据交叉口几何形状特点将其视为具有一定形变的部件模型,通过对交叉口样本进行训练学习获取模型参数,然后利用模型匹配搜索交叉口目标位置。实验结果表明,算法能够有效地获取道路交叉口概略位置,提取的交叉口完整性高,可作为下一步交叉口精确定位及属性识别的准备数据。

(3)针对道路交叉口准确定位及识别问题,提出了基于语义规则的道路交叉口位置提取及属性识别方法。为了提取影像道路网,在获取交叉口概略位置后,还需要准确确定交叉口区域位置及交叉口属性(分支个数)。在第4章研究的基础上,本书提出利用语义规则精确计算交叉口位置的方法,在对交叉口目标进行建模时,将其视为由交叉口同质区域及边界构成的面对象,结合交叉口同质区域辐射、纹理、几何特征制定语义规则,并通过语义特征匹配方法准确计算交叉口位置。此外,根据交叉口同质区域边界像素与中心点像素之间距离函数判断交叉口类别。实验结果表明,算法能够准确获取交叉口区域位置,并且提取效果优于传统方法。

(4)针对路面干扰因素对提取结果的影响,利用视觉注意机制对路面场景进行分析。在对影像进行道路提取时,路面干扰因素(车辆压盖、树木遮挡、阴影遮挡)

会破坏道路几何、光谱特征，现有道路提取算法构建道路模型时往往将道路视为无干扰因素影响的理想模型，这种模型对低分辨率影像处理效果影响较小，但对高分辨率影像则有较大影响，会导致搜索中止或偏离道路中心线。为了克服干扰因素对道路提取的影响，采用视觉注意机制对干扰因素显著性进行检测，利用干扰因素地物各自视觉特征构建影像全局显著性特征图，并根据显著性特征值对不同干扰因素进行区分。通过第 6 章实验结果可以看出，利用视觉特征对干扰因素进行处理能够有效克服其对道路提取的影响。

(5)针对交叉口间路径搜索问题，利用改进的方向纹理特征方法对不同场景的道路段节点进行提取。在获取交叉口位置和类别后，如何进行道路段连接是提取道路网的关键。为了解决影像上交叉口间道路段提取问题，本书对基于方向纹理特征提取道路段节点的方法进行改进，分别根据场景中无干扰因素及场景中存在干扰因素时道路的视觉特征设计不同提取策略。多组实验表明，该方法对不同场景下道路段具有较好的处理效果，能够有效克服干扰因素对道路提取的影响，且提取的完整性和可靠性优于现有算法。

(6)根据本书理论设计了道路网组网方法及后处理技术，开发了遥感影像道路信息提取系统。依据影像上道路网模型特征，在提取交叉口与道路段后需要对整幅影像道路网进行组网，本书对道路网组网及修整方法进行了详细分析，并利用多组影像对方法进行了验证。以本书理论与方法为基础开发了 Windows 平台下的遥感影像道路信息提取系统，介绍了系统设计环境、各模块功能，最后利用系统对两幅遥感影像道路网进行综合实验，证明了本书算法提取效果的完整性和可靠性。

本书的创新点有以下四方面。

(1)针对高分辨率影像道路网呈现的特征，设计了道路网提取的基本方法与技术流程。道路在高分辨率影像上表现为具有一定形状的带状特征，道路网表现为具有连通性及特定拓扑关系的道路段集合。为了提取高分辨率影像道路网目标，本书采用基于交叉口检测的道路网提取思想，首先检测道路交叉口位置并识别交叉口属性，然后进行交叉口间路径搜索并构建道路网拓扑结构；本书设计了高分辨率影像道路网提取流程与技术框架，并对道路网提取中各关键技术进行了详细分析。

(2)针对高分辨率影像道路交叉口提取问题，采用基于可变形部件模型思想获取道路交叉口概略位置。根据交叉口目标对象几何形状特点，将其视为具有一定形变的部件模型，并通过模板训练、匹配搜索获取不同类型交叉口目标的概略位置。利用交叉口同质区域辐射、几何特征制定交叉口目标语义规则，通过语义特征匹配的方法提取交叉口准确位置,并利用交叉口边界像素距离函数判断其类型。

(3)针对路面干扰因素对道路提取结果的影响,采用基于视觉注意机制的路面干扰因素显著性分析方法对影像进行处理。结合自顶向下与自底向上两种视觉注意机制构建影像全局显著性特征图,计算每个像素的全局显著性特征值,根据干扰因素在影像上呈现的显著性特征值差异对其进行区分,实验结果表明这对道路段节点搜索是有帮助的。

(4)针对交叉口间路径搜索问题,利用改进的方向纹理特征提取方法进行道路段路径搜索。准确计算道路段节点位置是道路网构建的重要步骤,目前很多道路节点提取方法对路面干扰因素影响的处理效果欠佳。针对此问题,本书对基于方向纹理特征的道路搜索方法进行改进,将路面视觉特征引入道路段节点搜索过程中。该方法与传统方向纹理特征方法的不同之处是在计算方向纹理特征时引入路面视觉特征作为辅助判断依据,分别对路面无干扰因素及路面存在干扰因素时的场景设计相应的处理策略,通过分析当前搜索区域视觉特征控制算法执行过程,取得了较好的提取效果。

9.2　展　　望

虽然本书针对高分辨率遥感影像道路网提取取得了一些成果,但还有很多问题需要继续深入研究,归纳起来包括以下三方面。

(1)多种提取方法融合。对于高分辨率遥感影像,道路提取是一个复杂过程,提取效果与原始影像质量有一定关系,高分辨率影像上地物会呈现同物异谱或异物同谱的特征,这给道路提取带来不少困难。仅采用单一的提取方法效果往往欠佳,如何融合多种方法(面向对象方法、基于分类思想的方法、基于概率统计的方法等)对高分辨率影像进行综合处理是将来道路提取研究发展的趋势,也是下一步继续研究的重点。如何充分借助外部辅助数据(GIS 信息、大数据信息等)指导道路提取也是今后研究的重点。目前基于外部数据的道路提取方法往往仅使用外部数据中的几何位置信息,对属性数据的应用和挖掘较少。属性信息是地物要素中一类重要的信息,通过属性信息能够获取影像上地物的空间关系、地物类别等重要信息,如何有效融合道路几何与属性信息进行辅助识别是今后研究的重点,也是大数据时代对地图服务的迫切要求。

(2)道路网自动化提取。利用本书算法进行道路网提取时需要引入适当的人工干预(选取交叉口区域种子点、选取道路种子点),自动化程度低,如何自动搜索感兴趣种子点是后续研究的重点。此外,对于复杂道路场景,本书算法提取的道路网中往往会存在道路节点冗余现象(如7.1节中实验1影像提取结果),目前处理此类问题时通常需要人工干预,如何自动识别冗余节点也是下一步研究需要考虑的问题。

(3)立交桥道路及居民地道路等复杂场景下的提取。由于本书设计的道路网提取方法是在交叉口位置检测基础上实现的,立交桥道路错综复杂,无法简单地用道路交叉口及交叉口之间路段对其构建模型,因此对于立交桥道路的提取,该方法存在一定的局限性,这是需要继续研究的问题。此外,由于居民地中场景干扰因素较多,道路特征常被周围地物破坏,本书方法对居民地道路网的提取效果欠佳(如7.1节中实验5影像提取结果),尚需较多人工干预,如何对现有模型进行改进使其满足居民地道路网特征是下一步工作的重点。此外,高分辨率影像中道路特征丰富,结构复杂,道路容易被其他地物干扰,出现道路中断或损毁现象,当影像中存在损毁或半损毁道路时,道路特征变得复杂,无法用传统的道路模型进行提取,本书考虑较多的是路面存在干扰因素时的场景处理方法,在后续研究中将重点对异常场景中道路提取理论与模型构建方法进行深入探索。

总而言之,针对高分辨率遥感影像道路网提取的研究工作任重而道远,唯有不断学习借鉴他人成果才能紧跟时代潮流,不断发现该领域存在的问题并探寻解决方案,使道路网提取技术日趋完善,满足现代城市快速发展与现代测绘地图生产的需求。

参 考 文 献

曹帆之, 朱述龙, 朱宝山, 等. 2016a. 均值漂移与卡尔曼滤波相结合的遥感影像道路中心线追踪算法. 测绘学报, 45(2): 205-212.

曹帆之, 徐杨斌, 朱宝山, 等. 2016b. 利用动态规划半自动提取高分辨率遥感影像道路中心线. 测绘科学技术学报, 32(6): 615-618.

陈良波, 郑亚青. 2012. 基于最小二乘法的曲线拟合研究. 无锡职业技术学院学报, 11(5): 52-55.

陈涛, 谢阳群. 2005. 文本分类中的特征降维方法综述. 情报学报, 24(6): 690-695.

单列. 2008. 视觉注意机制的若干关键技术及应用研究. 合肥: 中国科学技术大学博士学位论文.

丁磊, 姚红, 郭海涛, 等. 2015. 利用邻域质心投票从分类后影像提取道路中心线. 中国图象图形学报, 20(11): 1526-1534.

窦建方, 陈鹰. 2009. 基于数学形态学和相位编组 SAR 影像道路自动提取. 测绘科学, 34(2): 53-54.

龚婕, 姜军. 2003. 基于奇异值分解和支持向量机的人脸检测. 计算机与数学工程, 1: 69-72.

和小娟, 罗勇. 2011. 边界链码在字母与数字混合识别中的应用. 郑州大学学报(理学版), 43(3): 103-107.

靳彩娇. 2013. 高分辨率遥感影像道路提取方法研究. 郑州: 中国人民解放军信息工程大学硕士学位论文.

李百寿, 秦其明, 许军强, 等. 2008. 遥感图像线性影纹理解专家系统设计与实现. 测绘科学, 33(2): 167-169.

李德仁, 王树根, 周月琴. 2001. 摄影测量与遥感概论. 北京: 测绘出版社.

李德仁. 2000. 摄影测量与遥感的现状及发展趋势. 武汉测绘科技大学学报, 25(1): 1-6.

李德仁. 2008. 摄影测量与遥感学的发展展望. 武汉大学学报(信息科学版), 33(12): 1211-1215.

李军, 秦其明, 游林, 等. 2013. 利用浮动车数据提取停车场位置. 武汉大学学报(信息科学版), 5: 599-603.

李培华, 张田文. 2000. 主动轮廓线模型(蛇模型)综述. 软件学报, 11(6): 751-757.

李润生, 司毅博, 朱述龙, 等. 2014. 利用方向纹理特征从影像上搜索道路中心线. 测绘科学技术学报, 31(4): 393-398.

李晓峰, 张树清, 韩富伟, 等. 2008. 基于多重信息融合的高分辨率遥感影像道路信息提取. 测绘学报, 37(2): 178-184.

李怡静, 胡翔云, 张剑清, 等. 2012, . 影像与 LiDAR 数据信息融合复杂场景下的道路自动提取. 测绘学报, 41(6): 870-876.

林祥国, 张继贤, 李海涛, 等. 2009. 基于 T 型模板匹配半自动提取高分辨率遥感影像带状道路. 武汉大学学报(信息科学版), 34(3): 293-296.

刘建伟, 申芳林, 罗雄麟, 等. 2010. 感知器学习算法研究. 计算机工程, 36(7): 190-192.

刘立月, 黄兆华, 刘遵雄. 2012. 高维数据分类中的特征降维研究. 江西师范大学学报(自然科学版), 36(2): 124-126.

刘少创, 林宗坚. 1996. 航空遥感影像中道路的半自动提取. 武汉测绘科技大学学报, 21(3): 258-264.

刘珠妹, 刘亚岚. 2012. 高分辨率卫星影像车辆检测研究进展. 遥感技术与应用, 27(1): 8-14.

罗军, 高琦, 王翊. 2010. 基于 Bootstrapping 的本体标注方法. 计算机工程, 36(23): 85-87.

唐国维, 王东, 刘显德, 等. 1999. 基于统计测试的道路图象边界提取方法. 大庆石油学院学报, 23(3): 48-50.

唐伟, 赵书河. 2011. 基于 GVF 和 Snake 模型的高分辨率遥感图像四元数空间道路提取. 遥感学报, 15(5): 1046-1052.

王家宝. 2013. 基于随机优化的大规模噪声数据集快速学习方法. 模式识别与人工智能, 26(4): 366-373.

王双, 曹国. 2014. 一种基于改进 path opening 的道路提取新方法. 计算机科学, 41(2): 285-289.

王天柱. 2006. 变形物体碰撞检测技术研究. 长春: 吉林大学硕士学位论文.

吴亮, 胡云安. 2011. 膨胀系数可调的 Balloon Snake 方法在道路轮廓提取中的应用. 测绘学报, 40(1): 71-77.

伍星, 何中市, 黄永文. 2009. 基于弱监督学习的产品特征抽取. 计算机工程, 35(17): 199-201.

叶铁丽, 李学艺, 曾庆良. 2013. 基于误差控制的自适应 3 次 B 样条曲线插值. 计算机工程与应用, 49(1): 199-201, 216.

袁丛洲, 张金芳, 彭进. 2012. 高分辨率遥感影像道路线性要素识别. 计算机工程与应用, 48(18): 142-147.

翟辉琴, 王素敏, 雷蓉. 2004. GIS 辅助下的遥感图像分类与识别. 地理空间信息, 2(4): 8-10.

张全发, 蒲宝明, 李天然, 等. 2013. 基于 HOG 特征和机器学习的工程车辆检测. 计算机系统应用, 22(7): 104-107.

张睿, 张继贤, 李海涛. 2008. 基于角度纹理特征及剖面匹配的高分辨率遥感影像带状道路半自动提取. 遥感学报, 12(2): 224-232.

张益博. 2011. 高分辨遥感影像半自动道路提取方法研究. 西安: 西安电子科技大学硕士学位论文.

郑宏, 胡学敏. 2009. 高分辨率卫星影像车辆检测的抗体网络. 遥感学报, 13(5): 920-927.

周林保. 1993. 卫星遥感图象中道路系统提取方法的研究. 杭州大学学报(自然科学版), 20(3): 297-303.

朱长青, 王耀革, 马秋禾, 等. 2004. 基于形态分割的高分辨率遥感影像道路提取. 测绘学报, 33(4): 347-351.

朱长青, 杨云, 邹芳, 等. 2008. 高分辨率影像道路提取的整体矩形匹配方法. 华中科技大学学报(自然科学版), 36(2): 74-77.

朱述龙, 朱宝山, 王红卫. 2006. 遥感图像处理与应用. 北京: 科学出版社.

Amini A A, Weymouth T E, Jain R C. 1990. Using dynamic programming for solving variational problems in vision. IEEE Transactions on Pattern Analysis and Machine Intelligence, 12(9): 855-867.

Bacher U, Mayer H. 2005. Automatic road extraction from multispectral high resolution satellite images. Proceedings of CMRT05, 36: 3.

Bajcsy R, Tavaloki M. 1976. Computer recognition of roads from satellite picture. IEEE Transactions on Systems Man Cybernet, (6): 76-84.

Baumgartner A, Hinz S, Wiedemann C. 2002. Efficient methods and interfaces for road tracking. International Archives of Photogrammetry and Remote Sensing, 34(3B): 309-312.

Baumgartner A, Steger C, Mayer H, et al. 1999. Automatic road extraction in rural areas. International Archives of Photogrammetry and Remote Sensing, 32(3): 107-112.

Blaschko M, Lampert C. 2008. Learning to localize objects with structured output regression. Proceedings of the 10th European Conference on Computer Vision, Marseille: 2-15.

Bordes A, Bottou L. 2009. Careful quasi-Newton stochastic gradient descent. Journal of Machine Learning Research, 10: 1737-1754.

Bottou L. 2010. Large-scale machine learning with stochastic gradient descent. Proceedings of the 19th International Conference on Computational Statistics, Paris: 177-186.

Bottou L, Bousquet O. 2008. The tradeoofs of large scale learning//Platt J C, Koller D, Singer Y, et al. Advances in Neural Information Processing Systems. Cambridge: MIT Press.

Chang K W, Hsieh C J, Lin C J. 2008. Coordinate descent method for large-scale L2-loss linear SVM. Journal of Machine Learning Research, 9: 1369-1398.

Chapelle O, Haffner P, Vapnik V N. 1999. Support vector machines for histogram-based image classification. IEEE Transactions on Neural Networks, 10(5): 1055-1064.

Cheng Y. 1995. Mean shift, mode seeking, and clustering. IEEE Transactions on Pattern Analysis and Machine Intelligence, 17(8): 790-799.

Christophe E, Inglada J. 2007. Robust road extraction for high resolution satellite image. Proceedings of IEEE International Conference on Image Processing, San Antonio: 437-440.

Comaniciu D, Meer P. 2002. Mean shift: A robust approach toward feature space analysis. IEEE Transactions on Pattern Analysis and Machine Intelligence, 24(5): 603-619.

Cortes C, Vapnik V. 1995. Support-alector networks[J]. Machine Learning, 20(3): 273-297.

da Silva C R, Centeno J A S. 2012. Semiautomatic extraction of main road centrelines in aerial images acquired over rural areas. International Journal of Remote Sensing, 33(2): 502-516.

Dalal N, Triggs B. 2005. Histograms of oriented gradients for human detection. Proceedings of IEEE Conference on Computer Vision and Pattern Recognition, San Diego: 886-893.

Dalpoz A D, do Vale G M. 2003. Dynamic programming approach for semi-automated road extraction from medium-and high-resolution imgaes. International Archives of the Photogrammetry, Remote Sensing and Spatial Information Sciences, 34: 87-91.

Dalpoz A D, Gallis R A B, da Silva J F C. 2010. Three-dimensional semiautomatic road extraction from a high-resolution aerial image by dynamic-programming optimization in the object space. IEEE Geoscience and Remote Sensing Letters, 7(4): 796-800.

Desai C, Ramanan D, Fowlkes C. 2009. Discriminative models for multi-class object layout. Proceedings of the 12th IEEE International Conference on Computer Vision, Kyoto: 229-236.

Doucette P, Agouris P, Stefanidis A, et al. 2001. Self-organised clustering for road extraction in classified imagery. ISPRS Journal of Photogrammetry and Remote Sensing, 55(5): 347-358.

Felzenszwalb P, Girshick R, McAllester D, et al. 2010. Object detection with discriminatively trained part-based models. IEEE Transactions on Pattern Analysis and Machine Intelligence, 32(9): 1627-1645.

Felzenszwalb P, Huttenlocher D. 2004. Distance transforms of sampled functions. Theory of Computer, 8(19): 415-428.

Felzenszwalb P, McAllester D, Ramanan D. 2008. A discriminatively trained, multiscale, deformable part model. IEEE Conference on Computer Vision and Pattern Recognition, 8: 1-8.

Felzenszwalb P, McAllester D. 2007. The generalized A* architecture. Journal of Artificial Intelligence Research, 29: 153-190.

Fua P, Leclerc Y G. 1990. Model driven edge detection. Machine Vision and Applications, 3(1): 45-56.

Fukunaga K, Hostetler L D. 1975. The estimation of the gradient of a density function, with applications in pattern recognition. IEEE Transactions on Information Theory, 21(1): 32-40.

Gamba P, dell Acqua F, Lisini G. 2006. Improving urban road extraction in high resolution images exploiting directional filtering, perceptual grouping and simple topological concepets. IEEE Geoscience and Remote Sensing Letters, 3(3): 387-391.

Gibson L. 2003. Finding road networks in IKONOS satellite imagery. Proceedings of ASPRS 2003 Conference , Anchorage: 5-9.

Gottschalk S, Lin M C, Manocha D. 1996. OBB-Tree: A hierarchical structure for rapid interference detection. Proceedings of Conference on ACM SIGGRAPH, New Orleans: 171-180.

Grote A, Heipke C, Rottensteiner F. 2012. Road network extraction in suburban areas. The Photogrammetric Record, 27(137): 8-28.

Gruen A, Li H. 1995. Road extraction from aerial and satellite images by dynamic programming. ISPRS Journal of Photogrammetry and Remote Sensing, 50(4): 11-20.

Gruen A, Li H. 1997. Semi-automatic linear feature extraction by dynamic programming and LSB-snakes. Photogrammetric Engineering and Remote Sensing, 63(8): 985-994.

Harvey A C. 1990. Forecasting, structural time series models and the Kalman filter. Cambridge: Cambridge University Press.

Haverkamp D. 2002. Extracting straight road structure in urban environments using IKONOS satellite imagery. Optical Engineering, 41(9): 2107-2110.

Hu J, Razdan A, Femiani J C. 2007. Road network extraction and intersection detection from aerial images by tracking road footprints. IEEE Transactions on Geoscience and Remote Sensing, 45(12): 4144-4157.

Hu X, Zhang Z, Tao C V. 2004. A robust method for semi-automatic extraction of road centerlines using a piecewise parabolic model and least square template matching. Photogrammetric Engineering & Remote Sensing, 70(12): 1393-1398.

Hu X, Zhang Z, Zhang J. 2000. An approach of semiautomated road extraction from aerial image based on template matching and neural network. International Archives of Photogrammetry and Remote Sensing, 33(B3/3): 994-999.

Huang X, Zhang L P. 2009. Road centerline extraction from high-resolution imagery based on multi scale structural features and support vector machines. International Journal of Remote Sensing, 30(8): 1977-1987.

Jin X, Davis C H. 2005. An integrated system for automatic road mapping from high-resolution multi-spectral satellite imagery by information fusion. Information Fusion, 6(4): 257-273.

Kass M, Witkin A, Terzopoulos D. 1988. Snakes: Active contour models. International Journal of Computer Vision, 1(4): 321-331.

Kwaka N. 2008. Feature extraction for classification problems and its application to face recognition. Pattern Recognition, 41(5): 1701-1717.

Lin C J, Weng R C, Keerthi S S. 2008. Trust region Newton method for large-scale logistic regression. Journal of Machine Learning Research, 9: 627-650.

Mena J B. 2003. State of the art on automatic road extraction for GIS update: A novel classification. Pattern Recognition Letters, 24(16): 3037-3058.

Mena J B, Malpica J A. 2003. Color image segmentation using the dempster shafer theory of evidence for the fusion of texture. Pattern Recognition Internat Arch Photogrammet Remote Sensing, 34: Part 3/W8.

Mena J B, Malpica J A. 2005. An automatic method for road extraction in rural and semi-urban areas starting from high resolution satellite imagery. Pattern Recognition Letters, 26(9): 1201-1220.

Miao Z, Shi W, Wang B, et al. 2014. A Semi-automatic method for road centerline extraction from VHR images. IEEE Geoscience and Remote Sensing Letters, 11(1): 1856-1860.

Miao Z, Shi W, Zhang H, et al. 2013. Road centerline extraction from high-resolution imagery based on shape features and multivariate adaptive regression splines. IEEE Geoscience and Remote Sensing Letters, 10(3): 583-587.

Miao Z, Shi W. 2014. Road centreline extraction from classified images by using the geodesic method. Remote Sensing Letters, 5(4): 367-376.

Negri M, Gamba P, Lisini G, et al. 2006. Junction-aware extraction and regularization of urban road networks in high-resolution SAR images. IEEE Transactions on Geoscience and Remote Sensing, 44(10): 2962-2971.

Niu X. 2006. A semi-automatic framework for highway extraction and vehicle detection based on a geometric deformable model. ISPRS Journal of Photogrammetry and Remote Sensing, 61: 170-186.

Peteri R, Celle J, Ranchin T. 2003. Detection and extraction of road networks from high resolution satellite images. Proceedings of IEEE International Conference on Image Processing, Barcelona, 301-304.

Porikli F M. 2003. Road extraction by point-wise Gaussian models. International Society for Optics and Photonics: 758-764.

Poullis C. 2014. Tensor-Cuts: A simultaneous multi-type feature extractor and classifier and its application to road extraction from satellite images. ISPRS Journal of Photogrammetry and Remote Sensing, 95: 93-108.

Poullis C, You S. 2010. Delineation and geometric modeling of road networks. ISPRS Journal of Photogrammetry Remote Sensing, 65(2): 165-181.

Seung R P, Taejung K. 2010. Semi-automatic road extraction algorithm from IKONOS images using template matching. The 22nd Asian Conference on Remote Sensing, (11).

Shao Y, Guo B, Hu X, et al. 2011. Application of a fast linear feature detector to road extraction from remotely sensed imagery. IEEE Journal of Selected Topics in Applied Earth Observations and Remote Sensing, 4(3): 626-631.

Shen J, Lin X G, Shi Y F, et al. 2008. Knowledge-based road extraction from high resolution remotely sensed imagery. Proceedings of Congress on Image and Signal, 4: 608-612.

Shi W Z, Miao Z L, Debayle J. 2014. An integrated method for urban main-road centerline extraction from optical remotely sensed imagery. IEEE Transactions on Geoscience and Remote Sensing, 52(6): 3359-3372.

Shi W Z, Zhu C Q. 2002. The line segment match method for extracting road network from high-resolution satellite images. IEEE Transactions on Geoscience and Remote Sensing, 40(2): 511-514.

Shukla V, Chandrakanth R, Ramachandran R. 2002. Semi-automatic road extraction algorithm for high resolution images using path following approach. ICVGIP02, 6: 201-207.

Silverman B W. 1986. Density Estimation for Statistics and Data Analysis. Boca Raton: CRC Press.

Sun D H, Xiao F, Liao X Y, et al. 2008. Algorithm based on pre-processing for constructing topological structure of urban road network. Computer Engineering and Applications, 44(23): 233-235.

Unsalan C, Sirmacek B. 2012. Road network detection using probabilistic and graph theoretical methods. IEEE Transactions on Geoscience and Remote Sensing, 50(11): 4441-4453.

Yager N, Sowmya A. 2003. Support vector machines for road extraction from remotely sensed images. Computer Analysis of Images and Patterns, Springer Berlin Heidelberg: 285-292.

Yao L. 2009. Semi-automatic road extraction from very high resolution remote sensing imagery by roadmodeler. Waterloo: University of Waterloo.

Yuan G X, Chang K W , Hsieh C J, et al. 2010. A comparison of optimization on method for large-scale L1-regularized linear classification. Methods, 1: 1-51.

Yuan J, Wang D, Wu B, et al. 2011. LEGION-based automatic road extraction from satellite imagery. IEEE Transactions on Geoscience and Remote Sensing, 49(11): 4528-4538.

Zhang J, Lin X, Liu Z, et al. 2011. Semi-automatic road tracking by template matching and distance transformation in urban areas. International Journal of Remote Sensing, 32(23): 8331-8347.

Zhang Q P. 2006. Benefit of the angular texture signature for the separation of parking lots and roads on high resolution multi-spectral imagery . Pattern Recognition Letters, (27): 937-946.

Zhang Q, Couloigner I. 2007. Accurate centerline detection and line width estimation of thick lines using the radon transform. IEEE Transactions on Image Processing, 16(2): 310-316.

Zhou J, Bischof W F, Caelli T. 2006. Road tracking in aerial images based on human-computer interaction and Bayesian filtering. ISPRS Journal of Photogrammetry and Remote Sensing, 61(2): 108-124.

彩　　图

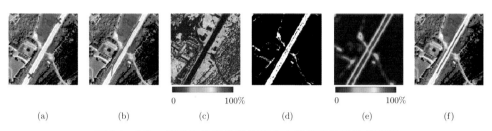

(a)　　　　　(b)　　　　　(c)　　　　　(d)　　　　　(e)　　　　　(f)

图 1.1　Miao 等提出的半自动道路中心线搜索算法计算流程

(a)　　　　　　　　(b)　　　　　　　　(c)　　　　　　　　(d)

图 2.6　对种子点位置的敏感性测试

归一化概率值

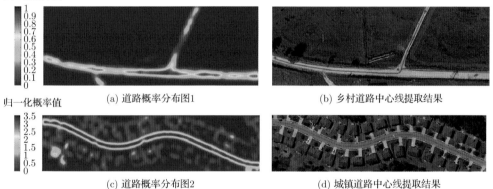

(a) 道路概率分布图1　　　　　　　　　(b) 乡村道路中心线提取结果

归一化概率值

(c) 道路概率分布图2　　　　　　　　　(d) 城镇道路中心线提取结果

图 2.7　道路提取结果

(a) 原始影像1　　　　　　　　　　　(b) 道路网提取结果

(c) 原始影像2   (d) 道路网提取结果

图 2.8   道路网提取实验

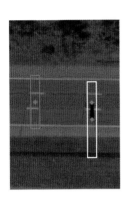

(a) 匹配结果

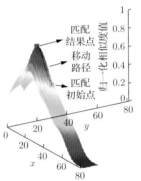

(b) 图(a)中目标区域(白色
框架)内的相似度曲面

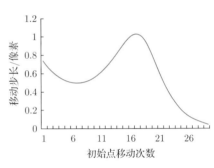

(c) 图(a)中初始点移动
的步长与次数的关系

图 3.2   道路中心点匹配实验

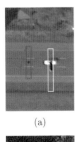

(a)

(b)

(c)

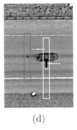

(d)

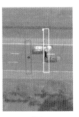

(e)

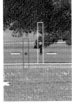

(f)

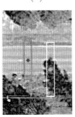

(g)

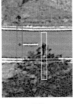

(h)

(i)

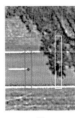

(j)

图 3.4   单个道路中心点匹配结果(道路中心匹配结果点用红色点表示)

(a) 相关系数匹配的追踪结果   (b) 基于均值漂移的道路中心点匹配的追踪结果

图 3.5 基于均值漂移的道路中心点匹配与相关系数匹配的对比实验

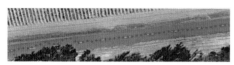

(a) 影像1(未使用卡尔曼滤波)   (b) 影像1(使用卡尔曼滤波)

(c) 影像2(未使用卡尔曼滤波)   (d) 影像2(使用卡尔曼滤波)

图 3.6 卡尔曼滤波优化实验

(a) 高速公路中心线提取实验

(b) 乡村道路中心线提取实验

图 3.7 道路中心线提取实验

(b) 受车辆、树阴遮挡的道路提取效果

(c) 道路分岔口处的提取效果

(d) 宽度发生突变时的道路提取效果

(a) 道路中心线追踪结果

图 3.8 道路中心线追踪实验

(a) 单目标丁字形路口原始图像

(b) 丁字形路口根和部件检测位置

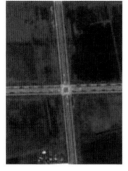
(c) 单目标十字形路口原始图像

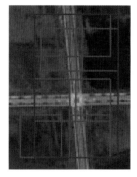
(d) 十字形路口根和部件检测位置

(e) 多目标丁字形路口原始影像

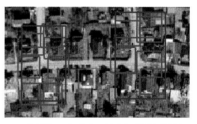
(f) 多目标丁字形路口根和部件检测结果

(g) 多目标十字形路口原始影像

(h) 多目标十字形路口根和部件检测结果

图 5.6　道路交叉口目标检测结果

(a) 1m分辨率航空影像

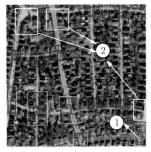
(b) 1m分辨率航空影像道路交叉口检测结果

(c) 2.4m分辨率QuickBird卫星影像

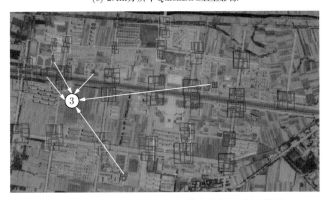
(d) 2.4m分辨率QuickBird彩色影像道路交叉口检测结果

图 5.7　不同分辨率影像道路交叉口提取实验

(a) 2m分辨率GeoEye-1原始影像

(b) 模板匹配方法道路交叉口检测结果

(c) 本章所提算法道路交叉口检测结果

图 5.8　不同算法道路交叉口检测对比实验

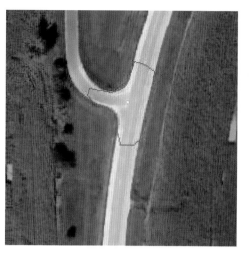
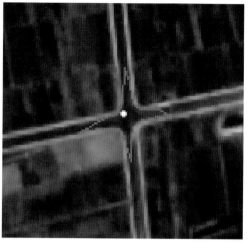

图 6.6　道路交叉口同质区域计算结果

(a)　丁字形路口示例

(b)　十字形路口示例

(c)　非道路交叉口

图 6.7　道路交叉口语义描述示意图

(a) 1.8m分辨率WorldView-2卫星多光谱影像

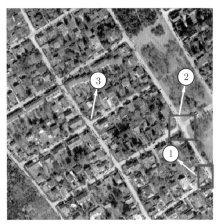

(b) WorldView-2卫星多光谱影像交叉口提取结果

(c) 1m分辨率航空影像

(d) 航空影像交叉口提取结果

(e) 2.5m分辨率SPOT-5卫星全色影像

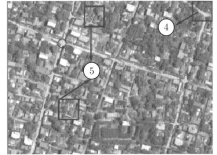

(f) SPOT-5卫星全色影像提取结果

图 6.14　多源影像道路交叉口提取实验

(a) 2m分辨率GeoEye-1多光谱影像

(b) 模板匹配方法道路交叉口提取结果

(c) 形状约束方法道路交叉口提取结果

(d) 本章算法道路交叉口提取结果

图 6.15　不同算法道路交叉口提取对比实验

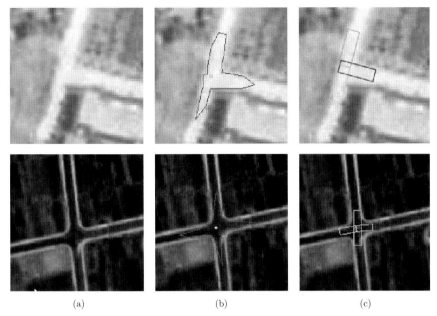

(a)   (b)   (c)

图 7.7　道路宽度与方向计算结果

(a) 计算出的道路最优方向纹理矩形   (b) 提取的道路节点

图 7.15　计算出的最优方向纹理矩形和道路节点

(a) 包含直路的原始影像   (b) 提取结果与原始影像叠加效果

图 7.16　影像上直路提取结果(安庆地区 2.5m 分辨率 SPOT-5 全色卫星影像)

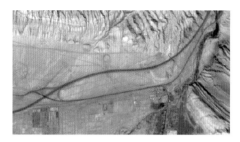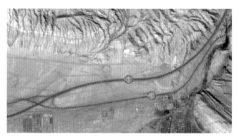

(a) 包含弯路的原始影像　　　　　　　　(b) 提取结果与原始影像叠加效果

图 7.17　影像上弯路提取结果(吐鲁番地区 2.5m 分辨率 SPOT-5 卫星全色影像)

(a) 包含窄路的原始影像　　　　　　　　(b) 提取结果与原始影像叠加效果

图 7.18　影像上窄路提取结果(登封地区 5m 分辨率 SPOT-5 卫星全色影像)

(a) 包含宽路的原始影像　　　　　　　　(b) 提取结果与原始影像叠加效果

图 7.19　影像上宽路提取结果(大连地区 1m 分辨率 IKONOS 卫星全色影像)

(a) 包含立交桥的原始影像　　　　　　　(b) 提取结果与原始影像叠加效果

图 7.20　影像上包含立交桥的道路提取结果(登封地区 2.5m 分辨率 SPOT-5 卫星全色影像)

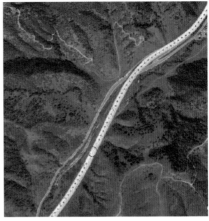

图 7.21　山区道路提取结果(登封地区 2m 分辨率 WorldView-2 卫星影像)

图 7.22　城区道路提取结果(纽约地区 2m 分辨率 GeoEye-1 卫星影像)

(a) 包含丁字形交叉口的原始影像　　　(b) 丁字形交叉口检测结果　　　(c) 丁字形交叉口道路分支
及节点计算结果

(d) 包含十字形交叉口的原始影像　　　(e) 十字形交叉口检测结果　　　(f) 十字形交叉口道路分支
及节点计算结果

图 7.23　道路交叉口分支方向及道路段节点搜索实验

(a) 未引入车辆压盖处理策略时的　　　　　　　(b) 引入车辆压盖处理策略时的
　　提取结果(单个车辆压盖)　　　　　　　　　　　提取结果(单个车辆压盖)

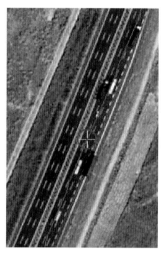 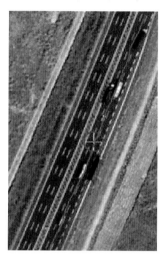

(c) 未引入车辆压盖处理策略时的　　　　　　　(d) 引入车辆压盖处理策略时的
　　提取结果(多个车辆压盖)　　　　　　　　　　　提取结果(多个车辆压盖)

(e) 航空影像引入车辆压盖处理策略时的提取结果

(f) 航空影像引入车辆压盖处理策略时的提取结果

图 7.24　引入车辆压盖处理策略前后道路提取结果比较(登封地区影像)

(a) 卫星影像未引入树木遮挡处理策略时提取效果

(b) 卫星影像引入树木遮挡处理策略后提取效果

(c) 卫星影像未引入阴影遮挡处理策略时提取效果

(d) 卫星影像引入阴影遮挡处理策略后提取效果

(e) 航空影像路面存在树木、阴影时的处理效果

图 7.25 路面存在树木、阴影干扰时算法提取结果

(a) 包含曲率较小道路的原始影像

(b) Seung等提出的算法的提取结果(方框为种子点区域)

(c) 本章算法提取结果

图 7.26　包含曲率较小道路的遥感影像提取效果对比(登封地区 2.5m 分辨率 SPOT-5 遥感影像)

(a) 包含曲率较大道路的原始影像

(b) Seung等提出的算法的提取结果(方框为种子点区域)

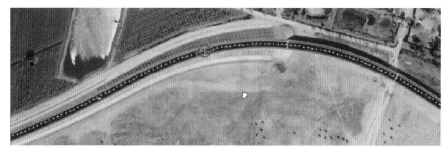

(c) 本章算法提取结果

图 7.27　包含曲率较大道路的遥感影像提取效果对比(登封地区 2.5m 分辨率 SPOT-5 遥感影像)

(a) 张睿等提出的算法提取结果

(b) 本章算法提取结果

图 7.28　张睿等提出的算法与本章算法提取结果对比(郑州城区 1m 分辨率 IKONOS 遥感影像)

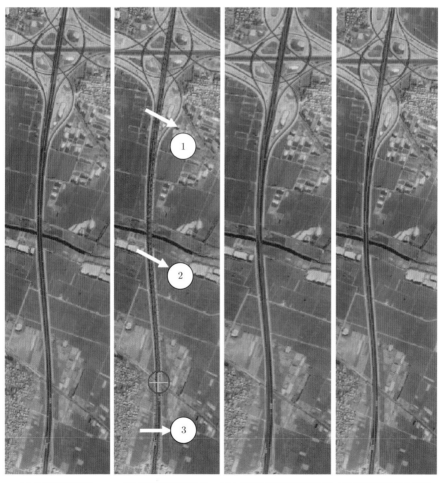

(a) 原始道路影像　　(b) 提取的道路节点　(c) 三次样条插值后的结果 (d) 本章算法拟合结果

图 7.29　登封地区 2.5m 分辨率 SPOT-5 卫星全色影像道路提取及拟合中心线结果

(a) 吐鲁番地区原始影像

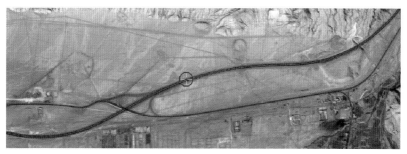

(b) 本章算法计算的道路节点

(c) 道路曲线拟合结果

图 7.30   吐鲁番地区 5m 分辨率 SPOT-5 卫星全色影像道路提取及拟合中心线结果

(a) 原始影像   (b) 道路中心线拟合结果

图 7.31   登封地区 2m 分辨率 WorldView-2 卫星多光谱影像道路提取及拟合中心线结果

(a) 原始影像

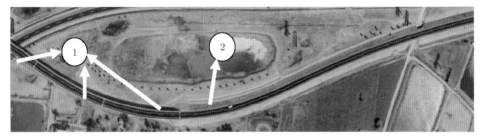

(b) 道路中心线拟合结果

图 7.32　大连地区 2.4m 分辨率 QuickBird 多光谱影像道路提取及拟合中心线结果

(a) 相邻丁字形交叉口之间道路节点搜索示意图

(b) 相邻十字形交叉口之间道路节点搜索示意图

图 8.2　相邻交叉口之间道路节点搜索示意图

(a) 原始影像

(b) 道路交叉口检测结果

(c) 道路网提取结果叠加显示效果　　　　(d) 道路网提取结果矢量化表示

图 8.3　2m 分辨率 GeoEye-1 卫星影像道路网提取结果(纽约地区影像)

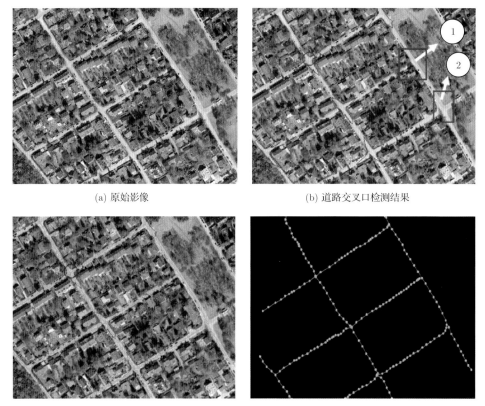

(a) 原始影像　　　　(b) 道路交叉口检测结果

(c) 道路网提取结果叠加显示效果　　　　(d) 道路网提取结果矢量化表示

图 8.4　1.8m 分辨率 WorldView-2 卫星影像道路网提取结果(巴黎郊区影像)

(a) 原始影像

(b) 道路交叉口检测结果

(c) 道路网提取结果叠加显示效果

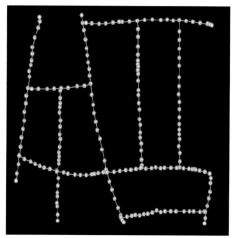

(d) 道路网提取结果矢量化表示

图 8.5　1m 分辨率航空影像道路网提取结果(巴黎城区影像)

(a) 原始影像

(b) 道路交叉口检测结果

(c) 道路网提取结果叠加显示效果   (d) 道路网提取结果矢量化表示

图 8.6   2.4m 分辨率 QuickBird 卫星影像道路网提取结果(登封地区郊区影像)

(a) 原始影像   (b) 道路交叉口检测结果

 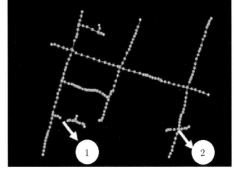

(c) 道路网提取结果叠加显示效果   (d) 道路网提取结果矢量化表示

图 8.7   2.5m 分辨率 SPOT-5 卫星影像道路网提取结果(登封地区城区影像)

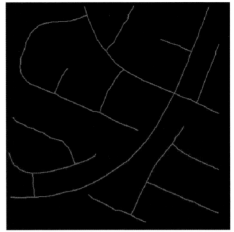

(a) 对图8.3影像的道路提取结果及矢量化显示效果

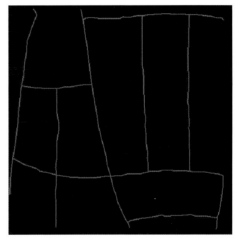

(b) 对图8.4影像的道路提取结果及矢量化显示效果

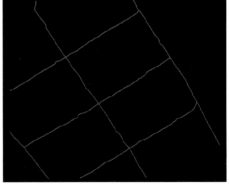

(c) 对图8.5影像的道路提取结果及矢量化显示效果

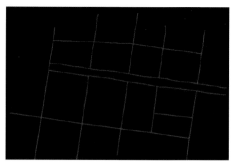

(d) 对图8.6影像的道路提取结果及矢量化显示效果

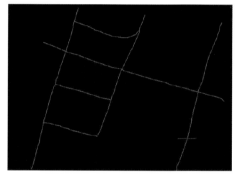

(e) 对图8.7影像的道路提取结果及矢量化显示效果

图 8.10　影像道路网提取结果